桃

典型病虫害防治图说

TAO
DIANXING BINGCHONGHAI
FANGZHI TUSHUO

韩　健　孙素芬　吴邦良　主编

化学工业出版社

·北京·

桃是世界性大宗果品，随着桃产业发展，桃病虫害综合防治，特别是施药方面有相对更高的要求。本书作者在多年科研成果和推广实战的基础上，结合大量生产实践经验，根据无公害防治要求，针对长三角地区桃的26种典型病害虫，讲解施药种类与要点及可采用的物理、生物、化学等无公害综合防治技术，为桃园栽培管理提供了有益参考。

本书适合广大果农，农技推广人员，桃园管理及技术人员参考阅读。

图书在版编目（CIP）数据

桃典型病虫害防治图说/韩健，孙素芬，吴邦良主编.—北京：化学工业出版社，2015.12 （2024.5重印）
ISBN 978-7-122-25360-6

Ⅰ.①桃… Ⅱ.①韩… ②孙… ③吴… Ⅲ.①桃-病虫害防治-图解 Ⅳ.①S436.621-64

中国版本图书馆CIP数据核字（2015）第240333号

责任编辑：李　丽　　　　　　　　装帧设计：孙远博
责任校对：宋　夏

出版发行：化学工业出版社
　　　　　（北京市东城区青年湖南街13号　邮政编码100011）
印　　装：天津裕同印刷有限公司
850mm×1168mm　1/32　印张3¼　字数70千字
2024年5月北京第1版第11次印刷

购书咨询：010-64518888
售后服务：010-64518899
网　　址：http://www.cip.com.cn
凡购买本书，如有缺损质量问题，本社销售中心负责调换。

定　　价：18.00元　　　　　　　　　　版权所有　违者必究

编写人员名单

主　　编：韩　健　　孙素芬　　吴邦良

编写人员：韩　健　　孙素芬　　吴邦良

　　　　　冷翔鹏　　王保菊　　徐鹏程

　　　　　赵占春　　王小敏　　顾志新

前　言

　　桃是原产于中国的重要果树，具有3000多年的栽培历史。桃果肉细腻多汁，风味芳香，营养丰富，广为人们喜爱。桃起源于我国西南山谷地区，随着河流和古人类的迁徙而传播。桃在中国分布极为广泛，南起广东、台湾，北至吉林延边，西到新疆于田，西南至西藏拉萨，各地皆有不同品种的栽培。其中，长江三角洲是中国桃栽培最为广泛的地区之一。

　　江苏、上海和浙江是水蜜桃和水蜜型蟠桃的发祥地，早在明清时期，‘上海水蜜’即享誉国内外；20世纪20年代初无锡桃产区，因交通便利，迅速发展成为继山东肥城、河北深州、浙江奉化之后的第四大产区，其水蜜桃品种从起初的‘小红花’、‘大红花’逐渐发展成耐贮、果大、味美的‘白花水蜜’。浙江‘玉露水蜜’、‘企园水蜜’、‘陈圃蟠桃’、‘嘉庆蟠桃’也均与上海水蜜桃有渊源关系，无锡的‘红花水蜜’品种经多方调查证实，系20世纪20年代初由浙江引入的‘奉化玉露’。

　　长江三角洲地区夏季湿热，水蜜桃久负盛名，而蟠桃更是桃中珍品，素以易融多汁、香味浓郁著称。硬肉桃栽培渐少，零星分布在偏远地区。城市近郊的早熟水蜜桃品种发展较快，同时罐藏黄桃已大面积成片种植，成为食品工业原料的生产基地。目前，长江三角洲桃产业在面积和产量大幅增加的同时，品种也向多样化、规模化发展，标准化生产，产业化经营已初见端倪，果实的大小、外观质量、内在品质和商品果率都有大幅度提升。观光桃园的发展也已初具规模，经济效益可观，展示出很好的发展前景。但同时，长三角地区东濒大海，内临湖泊，河汉众多，地处暖温带与北亚热带的过渡地带，春季低温多雨，春夏之际雨量充沛且空气湿度大，气候温暖，属于典型的夏湿带气候，园林树木种类丰富。所有这些地理环境、气候因素和植物布局都使长三角地区桃病虫害的种类、为害情况与南北都存在着一定差异，并决定了对桃病虫害综合防治，特别是施药方面有更高的要求。目前，危害桃的害虫有150余种，病害百余种。但在长三角桃园生产中的主要靶标病虫害约有20余种。

桃是世界性大宗果品，桃树栽培已成为许多地方发展经济的支柱产业。但是，在栽培管理中，病虫害的危害造成果树生长衰弱，树体伤亡，减产和果品质量低劣，严重影响经济效益的提高。如何更好地保证长江三角洲地区桃产业的发展，对生产中的病虫害进行科学防治是关键问题，在多年科研成果和推广实战的基础上，结合大量生产实践经验，我们编写了此书。

编著者

2015年8月

目　录

第三章　无公害桃园常用农药种类及施药

要点 ·· 62

第一章
桃园常见病害的种类及其防治

一、主要靶标病害种类及其防治方法

（一）桃真菌性流胶病

桃真菌性流胶病是一种主要危害枝干的病害。该病在我国江、浙、沪等省（市）发生较多，危害严重时，常造成枝干流胶甚至枯死，对树势和产量影响很大。

1.危害症状

桃真菌性流胶病可侵害桃树当年生新稍和多年生枝干，发病初期病部微肿胀，暗褐色，表面湿润。病部皮层下有黄色黏稠的胶液。病斑长形或不规则形，病部一般限于皮层，在衰老的树上则可以深入到木质部。以后病部逐渐干枯凹陷，呈黑褐色，并出现较大的裂缝。多年受害的老树，造成树势极度衰弱，严重时引起整个侧枝或全树枯死（图1-1）。

2.病原

真菌性流胶病的病原物有性阶段为子囊菌的囊孢壳菌属的真菌。子囊壳与分生孢子器混生在一起，无子座，单生。子囊壳黑色或黑褐色，扁球形，具有短乳头状突破口。子囊无色，长棒形，先端稍肥厚，基部略微狭窄，内含8个子囊孢子。子囊孢子无色、

图1-1　桃树真菌性流胶病
（2014年6月摄于浙江省农业科学院桃园）

单孢、椭圆形。无性阶段为半知菌的大茎点菌属，在桃树枝干病部形成分生孢子器。分生孢子器一般分散单生，不形成子座，呈褐色或黑褐色，扁球形，没有明显的喙部，只有孔口状突破口。分生孢子梗短、无色、单孢，长椭圆形或纺锤形，密生于分生孢子器内。

孢子的发育适合温度是24～35℃，24小时的发芽率可达97.5%～99.1%。4℃时孢子就不能发芽，40℃时孢子虽有28%的发芽率，但芽管出现畸形。

3.流行规律

病原物以菌丝体在枝干病部组织内越冬，第二年4月产生孢子，向田间散发。一年中4月到9月桃树均可发病，该病的发生与降雨有直接关系。病菌主要靠雨水滴溅或气流传播，一般情况下在田间不远距离传播。病菌主要通过桃树枝条皮孔或伤口侵入，由于侵染时温湿度的差异，潜育期一般为6～30天，温暖多雨有利于发病，但当温度高达28～31℃时停止发病。

4.防治方法

（1）加强栽培管理　桃树丰产后应增施肥料，促使树势健壮，提高抗病力。冬季做好清园工作，收集病死枝干烧毁。及时做好病虫防治工作，减少伤口，降低发病。

（2）化学防治　初春桃树萌芽前用抗菌剂402的100倍液涂刷病斑。开花前刮去胶块，用5%硫悬浮剂250ml涂抹。从5～6月份开始，喷施50%混杀硫悬浮剂500倍液，或50%苯菌灵可湿性粉剂1500倍液，或70%甲基硫菌灵可湿性粉剂1000倍液。每15天喷药一次，连续用药3～4次。喷药时务必做到严密周到，特别是主干、大枝要喷严。

（二）桃缩叶病

桃缩叶病是我国长三角桃树栽培区的主要病害，雨水多的年份，发生较重，2012年春，江苏省海门市曾呈暴发性发生。

1.危害症状

桃缩叶病主要危害桃树幼嫩部分，以侵害叶片为主，严重时也可以为害花、幼果和新梢。病树萌芽后嫩叶刚抽出时就显现卷曲状，颜色发红。以后叶片逐渐开展，卷曲及皱缩的程度随之增加，致全叶呈波纹状凹凸，严重时叶片完全变形。病叶较肥大，厚薄不均，质地松脆，呈淡黄色至红褐色；后期在病叶表面长出一层灰白色粉状物，即病菌子囊层。病叶最后干枯早落，削弱树势，影响产量。新梢受害时变成灰绿或黄绿色，节间缩短略肿粗，叶片簇生卷缩，严重时病梢扭曲、枯死。花和幼果多半畸变脱落，未脱落的病果果面常龟裂（图1-2）。

2.病原

病原菌为畸形外囊菌，属外囊菌属。子囊裸生，栅状排列成子实层，子囊圆筒形，顶端扁平，底部稍窄，无色，内生4～8个子囊孢子。子囊孢子单孢，无色，圆形或椭圆形，通过芽殖方式可以产生许多卵圆形芽孢子。芽孢子可以分为薄壁和厚壁两种，前者能直接再芽殖，后者能抵抗不良环境，借以越夏越冬，在果园内可存活一年以上。病菌芽殖最低为10℃，最高为26～30℃。

3.流行规律

病原菌主要以厚壁芽孢子在桃芽鳞片上越冬，也可在枝干的树皮上越冬。第二年春天桃芽萌发时，芽孢子即萌发，由芽管直接穿过表皮或由气孔侵入嫩叶（成熟组织不受侵害）。在幼叶展开前由叶背侵入，展开后也可从叶面侵入。病菌侵入后，菌丝在表皮细胞下的栅栏组织细胞间蔓延，刺激细胞大量分裂，胞壁加厚，叶片由于生长不均而皱缩变红。初夏形成子囊层、产生子囊孢子和芽孢子。芽孢子在芽鳞和树皮上越夏，条件适宜时继续芽殖。夏季温度高时不适于孢子的萌发和侵染，偶有侵入危害也不严重，所以该菌一般没有再侵染。早春桃芽萌发时如气温低（10～16℃），持续时间长，湿度大时桃树最易受害；温度21℃以上时，病害停止发展。病害一般在4月上旬开始发生，4月下旬至5月上旬为发病盛期，6月份气温升高，发病逐渐停止。

4.防治方法

桃缩叶病是典型的单循环病害，只在早春侵染一次而没有再侵染，因此在关键时刻喷药可有效控制病害发展。

（1）桃树花芽露红而未展开前喷3～5波美度石硫合剂，或70%甲基硫菌灵可湿性粉剂1000倍液。

（2）植株上初见病叶时，喷75%百菌清可湿性粉剂600倍液，或25%多菌灵可湿性粉剂300倍液。

（3）4～5月份初见病叶而尚未出现银灰色粉状物前立即摘除，带出园外处理。发病严重的桃园应及时追肥灌水，增强树势。

（三）桃细菌性穿孔病

桃细菌性穿孔病是桃树上一种重要的叶部病害，在长江流域降水偏多桃园常年发生，严重时造成大量落叶，削弱树势，降低产量。寄主除桃树外，尚有其他核果类树种。

1.危害症状

桃细菌性穿孔病主要为害叶片，也能危害果实和枝梢。叶片发病，初为水渍状小点，扩大后成圆形或不规则形病斑，紫褐色至黑褐色，大小约2mm左右。病斑周围呈水渍状并有黄绿色晕环，以后病斑干枯，病健组织交界处发生一圈裂纹，脱落后形成穿孔，或一部分与叶片相连（图1-3）。

枝条受害后，有两种不同的病斑，一种称春季溃疡，另一种称夏季溃疡。春季溃疡发生在上一年夏季生出的枝条上（病菌于前一年已侵入）。春季，在第一批新叶出现时，枝条上形成暗褐色小疱疹，直径约2mm，以后可扩展长至1～10cm，宽度多不超过

图1-2　桃树缩叶病

图1-3 桃细菌性穿孔病
（2014年6月摄于浙江省农业科学院桃园）

枝条直径的一半，有时造成枯梢现象。春末（开花前后）病斑表皮破裂，病菌溢出，开始传播。夏季溃疡多于夏末发生，在当年嫩枝上以皮孔为中心形成水渍状暗紫色斑点。以后病斑变褐色至紫黑色，圆形或椭圆形，稍凹陷，边缘水渍状。夏季溃疡的病斑不易扩展，并且很快干枯，传病作用不大。

2.病原

病原菌为黄单胞杆菌属的甘蓝黑腐菌桃致病型。菌体杆状，较短，两端圆，有单极生1～6根鞭毛。病菌发育适温24～28℃，在干燥条件下可以存活10～13d。

3.流行规律

病原细菌主要在被害枝条上越冬，在溃疡斑内可存活1年以上，翌春随气温回升，桃树组织内糖分增加，越冬潜伏的细菌开始活动，形成春季溃疡病斑，为主要的初侵染源。溃疡斑表皮开裂，溢出细菌，借风雨和昆虫传播。病原细菌通过果实、枝条上的皮孔、叶片上的气孔和伤口侵染。叶片一般于5月间发病，夏季干旱时病势进展缓慢，至秋雨季节又发生后期侵染。病菌潜育期依温度、树势而异，气温30℃时潜伏期为8天，25～26℃时为4～5天，20℃时为9天，16℃时为16天。树势强时潜伏期可长达40天。幼果感病的潜伏期为14～21天。温暖、雨水频繁或多雾季节适于病害发生，树势衰弱或排水、通风不良及偏施氮肥的果园发生较重。

4.防治方法

（1）在果树发芽前，喷4～5波美度的石硫合剂。在5～6月喷72%链霉素可渗性粉剂3000倍液或70%代森锰锌可湿性粉剂500倍液1～2次。

（2）避免与李、杏、樱桃等核果类果树混栽，尤其是杏、李感病性强，往往成为发病中心。以桃树为主的果园，应将李、杏等果树迁移到较远的地方。

（3）注意修剪，并在春天时及时复剪，并将病枝带出果园。

（四）桃褐腐病

褐腐病又叫菌核病、灰霉病，是桃树上的重要病害之一。在我国北方、南方、沿海和西北地区均有该病发生，而在长三角地区危害最为严重，发病后能引起大量烂果、落果。受害果实不仅在果园中相互传染受害，而且在贮运中也可以继续传染发病，造成很大损失。

1.危害症状

桃褐腐病主要危害果实，花和新梢也易感染。最初病果表面产生褐色小点，随后扩大为圆斑，逐渐蔓延至全果，呈褐色软腐，病部表面长出灰褐色同心环状的霉层，即病菌的分生孢子团。病果有果香气味，逐渐失水变成褐色僵果或脱落。花瓣及柱头受害出现褐色小斑点，逐渐向下蔓延到萼片和花梗，天气潮湿时病花软腐，产生灰褐色霉层，失水后干枯呈黑色。新梢发病形成长圆形、灰褐色溃疡，中央略凹陷，边缘紫褐色（图1-4）。

2.病原

病原菌的有性阶段为链核盘菌属的真菌，子囊盘为漏斗状，赤褐色。无性阶段为丛梗胞菌，分生孢子柠檬形至椭圆形，串生在较短的分生孢子梗上。

3.流行规律

褐腐病病菌在僵果和枝梢溃疡组织中越冬，翌春产生分生孢子进行初侵染。病菌从寄主果实和枝梢皮孔或伤口侵入，并通过雨水飞溅在果园内辗转传播。病部产生霉层，可以继续传播，贮藏和运输期间病果、健果接触也会传病。花期有阴雨天气，容易发生花腐病；果实近成熟期遇到多雨多雾天气，该病发生就严重；果实在贮藏、运输过程中，如遇高温高湿环境病害也会加重。桃

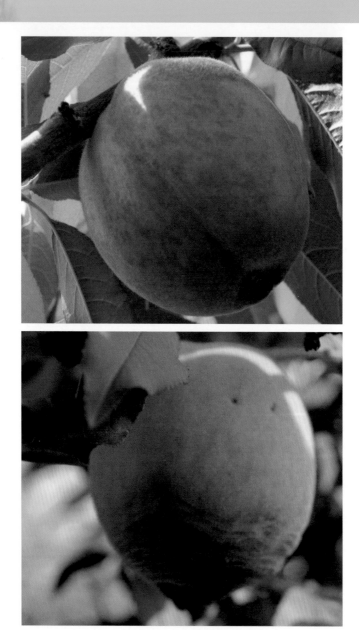

图1-4　桃褐腐病
（2014年6月摄于浙江省农业科学院桃园）

的各品种中，凡是果皮薄、果肉柔软多汁的品种均易感病；而角质层厚、皮下木栓化程度高，果实成熟后组织较坚硬的品种较抗病。通风透光不良、栽培管理粗放、地势低洼和土壤黏重的桃园发生危害较重。通常情况下桃褐腐病先侵染花和叶片，5月中旬以后侵染枝梢和果实，此后出现反复侵染。分生孢子萌发温度范围为$10 \sim 30 ℃$，最适萌发温度为$24 \sim 26 ℃$，病菌生长最适温度为$24 \sim 25 ℃$，桃园病害流行温度为$21 \sim 27 ℃$。

4.防治方法

（1）果实易感病时间是4月下旬至5月。药剂保护是防治该病的关键措施。落花后至采果前3周，每隔$10 \sim 15$天喷1次药。常用药剂有：70%甲基硫菌灵可湿性粉剂$600 \sim 800$倍液，65%代森锌可湿性粉剂500倍液，30%醚菌酯可湿性粉剂（甲氧基丙烯酸酯类杀菌剂）2000倍液等。进入6月份，还可以重点喷施硫酸锌石灰粉（硫酸锌∶白灰∶水为1∶2∶240）$2 \sim 3$次，$10 \sim 15$天1次，也有很好的防治效果，而且不会产生抗药性。

（2）注意桃园的清洁卫生，及时剪除病枝、病叶，并将其带出果园。

（五）桃炭疽病

桃炭疽病是桃树的重要病害，分布广泛，尤其以长江流域桃区发生严重，该病可引起大量的落花、落叶、落果，直接影响桃产量和品质。

1.危害症状

炭疽病主要危害果实，也能侵害叶片和枝梢。幼果感病后果面呈暗褐色，发育停滞，萎缩硬化。稍大的果实发病，最初出现淡褐色水渍状斑点，逐渐扩大，颜色转为红褐色，并呈现圆形或椭圆形凹陷，最后病斑上有橘红色小颗粒长出。叶片感病时，以主脉为轴心，两边向正面卷曲，常成管状。病斑近圆形或不规则

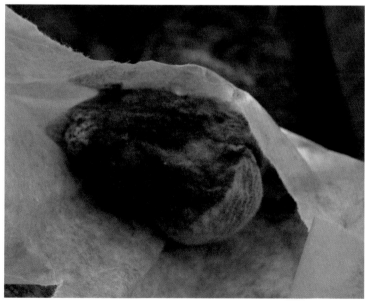

图1-5　桃炭疽病
（2014年6月摄于浙江省农业科学院桃园）

形，淡褐色，后期病斑中部灰褐色或灰白色，有橘红色至黑色小粒点，最后叶片穿孔。新梢感病时，病斑呈长椭圆形，暗绿色、水渍状，后渐变为褐色，边缘带红褐色，略凹陷。天气潮湿时，病斑表面长有橘红色的小粒点，病梢向一侧弯曲，当病斑环绕枝条一周后，枝条上端枯死（图1-5）。

2.病原

病原菌无性世代为炭疽菌属的盘长孢状刺盘孢，（有性世代为小丛壳属的真菌）。分生孢子盘埋生。分生孢子梗无色，单孢，内含两个油球，周围有胶状物质。病菌发育最适温度为25℃左右，最低12℃，最高33℃。

3.流行规律

桃炭疽病菌以菌丝体在病梢组织中越冬，也可以在树上的僵果中越冬，第二年早春产生分生孢子随风雨、昆虫传播侵害新梢和幼果，引起初次侵染。病菌部溢出的菌液可以从寄主果实和枝梢皮孔或伤口侵入，也可通过雨水飞溅在果园进行辗转传播。一般早中熟桃发病较重，晚熟桃发病较轻。桃树开花期及幼果期低温多雨，有利于发病。果实成熟期温暖、多云、多雾、高湿的环境发病严重。生长过旺，种植过密，挂果超负均能导致发病重。一般在4月下旬幼果期开始发病，4月底为发病盛期，常造成大量坏果或落果。

4.防治方法

（1）农业防治

及时清除树上的枯枝、僵果和地面枯枝落叶，集中处理。防止雨后积水，以降低园内湿度。适当增施磷、钾肥，促使桃树生长健壮，提高抗病力。果园内套袋时间要适当提早，以在5月上旬前套完为宜。

（2）药剂防治

春季萌芽前喷3～5波美度石硫合剂或在花露蕾期喷1：1：100

的等量式波尔多液。在初花期和谢花期分别用80%代森锰锌可湿性粉剂600～800倍液和10%苯醚甲环唑水分散颗粒剂（世高）1000～1200倍液进行保护，谢花后每隔7～8天用50%甲基硫菌灵可湿性粉剂800～1000倍液。在桃树生长季节，不用或慎用铜类杀菌剂，以免产生药害。

（六）桃细菌性根癌病

桃树细菌性根癌病又叫根头癌肿病、冠瘿病，是桃树根部常见的病害，全国各地均有分布。除危害桃外，还能危害李、杏、樱桃、苹果、梨、葡萄等多种果树及林木。

1.危害症状

主要危害根颈及侧、支根，形成癌瘤，瘤的形状通常为球形或扁球形，也可互相愈合成不规则形。小的如豆粒大，大的超过拳头甚至更大。苗木上的瘤一般只有核桃大，多发生在接穗与砧木愈合部。初为乳白色或略带红色，光滑，柔软，后变深褐色，变坚硬并木质化，表面变粗糙或凹凸不平，最后瘤坏死，开裂。桃苗受害表现为发育受阻，生长缓慢，植株矮小，严重时叶片黄化，早衰；成年桃树受害，果实变小，寿命缩短。根癌病对桃树的影响主要是削弱树势，减少产量，使树早衰，严重时导致树体死亡。此病前期不易被发现，随病情发展树势逐渐衰弱，易受冻害（图1-6）。

2.病原

病原菌为土壤杆菌属的根癌土壤杆菌，短杆状，单生或链生，具有1～6根周生鞭毛，有荚膜，无芽孢。革兰染色阴性反应，在琼脂培养基上菌落白色、圆形、光亮、透明，在液体培养基上呈云状浑浊，表面有一层薄膜。发育最适温度为32℃，发育最适pH值为7.3，耐酸碱范围为pH5.7～9.2。

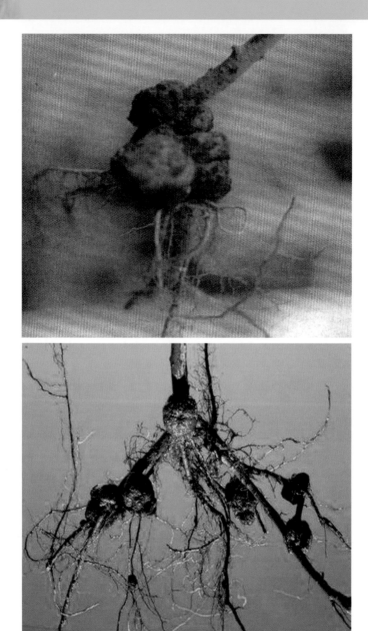

图 1-6 桃细菌性根癌病

3.流行规律

病菌在癌瘤组织的皮层内越冬，或在癌瘤破裂时进入土壤中越冬。雨水和灌溉水是传病的主要媒介。此外地下害虫如蛴螬、蝼蛄、线虫等在病害传播上也起一定的作用。苗木带菌是远距离传播的重要途径。病菌通过伤口侵入寄主，嫁接、昆虫或人为因素造成的伤口，都能成为病菌侵入的途径。病菌侵入皮层组织，开始繁殖，并刺激伤口附近细胞分裂，形成癌瘤。从病菌侵入到显现病瘤所需的时间，一般由几周到一年以上。土壤的酸碱度影响细菌的生长，中性土壤和弱碱性土壤促进发病，酸碱土壤不利于发病。黏土比沙壤土病重。土壤湿度大，此病传染率高。病菌在土壤中可存活数月至一年多，一般在年内如果遇不到寄主即丧失生命力。

4.防治方法

（1）苗木的检查和消毒　出圃苗木要进行检查，发现病苗应予销毁。凡调出苗木都应在未抽芽之前将嫁接口以下部位，用1%硫酸铜液浸5min，再放入2%石灰水中浸1min，进行消毒。

（2）加强栽培管理，改进嫁接方法　选择无病土作苗圃，老果园特别是曾经发生过根癌病的果园不能作为育苗基地；苗木嫁接采用芽接法，避免伤口接触土壤，减少染病机会；碱性土壤应适当施用酸性肥料或增施有机肥料如绿肥等，以改变土壤反应，使之不利于病菌生长。

（3）病瘤处理　在定植后的桃树上发现病瘤时，先用快刀彻底切除癌瘤，然后用50倍抗菌剂402溶液消毒切口，再外涂波尔多浆保护；也可用400单位链霉素涂切口，外加凡士林保护，切下的病瘤应随即烧毁。病株周围的土壤可以用抗菌剂402的2000倍液灌注消毒。

（4）防治地下害虫　可减少根部受伤和降低发病机会。

（5）生物防治　抗菌剂K84用水稀释为每毫升细菌浓度1×10^6，在发病前通过对砧木种子浸种5min，苗木浸根或浸枝条防治根癌病的发生，有效期可达两年。

（七）桃疮痂病

桃树疮痂病又名黑星病，是桃树上重要的果实病害。它的发生和流行严重影响桃的品质和产量。寄主除了桃外，还有李、樱桃等核果类果树。

1.危害症状

病菌主要危害果实，也可危害叶片和新梢。果树发病多在果实肩部，先产生暗褐色圆形小点，后呈褐色痣状斑点，直径为2～3mm，严重时病斑聚合成片。病斑扩展仅限于表皮组织，病部组织枯死后，果肉仍可继续生长，因此病果常发生龟裂。果梗受害，果实常早期脱落。新梢被害后，呈现长圆形、浅褐色的病斑，继后变成暗褐色，并进一步扩大，病部隆起，常发生流胶。病键组织界限明显，病菌也只在表层危害，并不深入内部。翌春，病斑上可产生暗色小绒点状的分生孢子丛。叶片被害，在叶背出现不规则形或多角形灰绿色病斑，以后病部转褐色或紫红色，最后病部干枯脱落而形成穿孔。病斑较小，在中脉上则可形成长条状的暗褐色病斑，发病严重时可引起落叶（图1-7）。

2.病原

病原菌为半知菌亚门枝孢属的嗜果枝孢菌。分生孢子梗略带浅褐色，弯曲，有隔膜一至两个，单枝或稍有分枝，数枝集生。分生孢子顶生，椭圆形，单胞或偶有双胞，浅橄榄色，单生或呈短链状。

3.流行规律

病菌以菌丝体在枝梢的病部越冬，翌年4～5月产生分生孢子，经风雨传播。分生孢子萌发形成的芽管可直接穿透寄主表皮的角质层而入侵，叶片通常自叶背侵入。病菌侵入后，菌丝并不深入寄主组织和细胞内部，仅在寄主角质层与表皮细胞的间隙扩

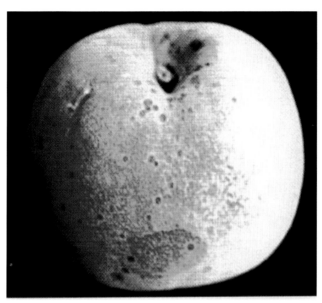

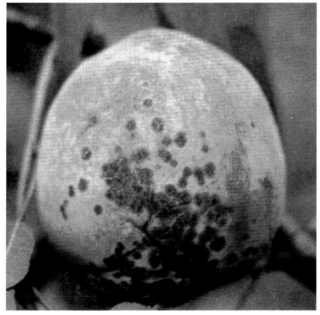

图1-7 桃疮痂病

展、定植，并形成束状或垫状菌丝体，接着长出分生孢子梗并突破寄主角质层而外露，然后形成分生孢子。病害潜育期较长，果实上约为40～70天，新梢及叶片上为25～45天。果实上当年产生的分生孢子，只有晚熟品种才能呈现症状。

病菌的发生与流行与春季及初夏的温湿度关系很密切。枝梢病斑在温度10℃以上开始形成孢子，以20～28℃为最适宜，凡是此时多雨潮湿的年份或地区，病害发生较重。果园低湿、定植过密或树冠郁闭等也能促进病害的发生。长江三角洲桃区，6～7月发病最多，幼果因果面茸毛稠密病菌不易侵染，一般在花瓣脱落6周后的果实才能被侵染。

4.防治方法

每年初春，结合修剪剪除有病枝梢，集中烧毁，全园喷5度石硫合剂1次，压制病菌的初侵染源。改善果园通风透光条件，降低树冠内湿度。果实套袋。

从桃树谢花后15天开始至6月中旬，每隔12～17天喷1次60%吡唑醚菌酯代森联水分散粒剂（百泰）1000倍液，或25%戊唑醇微乳剂（安徽华星化工股份有限公司）。

二、其他常见病害种类及其防治要点

（一）桃褐斑穿孔病

桃褐斑穿孔病是桃树上常见的叶部病害，各桃树栽培区均有分布，可引起桃叶穿孔脱落和导致枝梢枯死。该病除危害桃树外，也可侵害李、杏、樱桃等多种核果类果树。

1.危害症状

桃褐斑穿孔病主要侵害叶片，也可侵害新梢和果实。叶片感病时，叶的正反两面发生圆形或近圆形病斑，直径约1～4mm，边缘清晰并略带环纹，外围有时呈紫色或红褐色。后期在病斑上长出灰褐色霉状物，中部干枯脱落，形成穿孔。病斑穿孔的边缘整齐，穿孔多时导致落叶。枝梢和果实感病时，可形成褐色、凹陷、边缘红褐色的病斑，天气潮湿时有灰色霉状物产生（图1-8）。

图1-8　桃褐斑穿孔病危害叶片

2.病原

病原菌为半知菌亚门中的核果尾孢菌。分生孢子梗10～16根成束生长，橄榄色，不分枝，直立或弯曲。分生孢子细长，鞭状、倒棍棒状或圆柱形，棕褐色，直立或微弯，3～12个分隔。

3.流行规律

桃褐斑穿孔病主要以菌丝体在病叶或枝梢病组织中越冬，翌春随气温回升和降雨形成分生孢子，借风雨传播，侵染叶片、新枝和果实。病部产生的分生孢子可以进行再侵染，病菌发育适温为25～28℃，低温多雨利于病害的发生和流行。

4.防治方法

（1）落花后喷70%甲基硫菌灵可湿性粉剂1000倍液、75%百菌清可湿性粉剂700～800倍液，7～10天1次，共喷3～4次。

（2）结束冬季修剪后，彻底剪除橘枝、病梢，及时清扫落叶、落果并集中烧毁，以消灭越冬菌源。

（二）桃根结线虫病

桃根结线虫病又叫桃根瘤线虫病，是一种分布比较广泛的根部病害，除危害桃树外，还可侵害苹果、核桃、柑橘、花生等木本植物和农作物。

1.危害症状

根部形成根瘤，开始较小，直径约0.3cm，白色至黄白色，以后扩大，但很少超过1.27cm。瘤呈节结状或鸡爪状，黄褐色、表面粗糙，易腐败。发病植株的根较健康植株的根短，侧根和须很少，发育差，直接影响寄主水分和营养物质的吸收。根结线虫种类的鉴定，需要检查瘤上的雌成虫。由根结线虫危害引起的小瘤与根癌细菌引起的瘤颇相似，但根结线虫为害时不产生较大的根颈瘤和大根瘤。重病株抽梢少，梢短而纤细，叶片黄瘦，缺乏生机，似缺肥状，果小而少，肉硬。

2.病原

根结线虫病害的病原物为根结属的南方根结线虫、爪哇根结线虫、北方根结线虫和花生根结线虫，其中主要是南方根结线虫2号生理小种。两性成虫异形，雄虫线形，雌虫梨形或球形。

3.流行规律

线虫以2龄幼虫在土中越冬，或雌虫当年产的卵不孵化，留在卵囊中随同病根留在土中越冬。第2年环境适宜时越冬卵孵化为幼虫，或越冬幼虫伺机由根冠部位侵入寄主的幼根。2龄幼虫在根结内生活，经3次蜕皮发育为成虫。雌雄成虫交尾后或雌虫营孤雌生殖，产卵于胶质卵囊中。1龄幼虫在卵内孵化，2龄幼虫破壳而出，离开植物体到土中，进行再次侵染或在土中越冬。田间主要通过病土、病苗和灌溉水传播，农事操作及农具携带也能传播。地势高而干燥、结构疏松、含盐量低而呈中性反应的砂质土壤易发病，土壤温度高发病重。连作地发病重，连作期限愈长为害愈严重。

4.防治方法

（1）不从疫区调运苗木，实行轮作，间隔2～3年。选用抗性砧木。

（2）利用生防制剂防治线虫，如用紫色拟青霉菌可有效控制根结线虫。

（3）播种前7天土壤用80%二氯异丙醚乳油75～100kg/hm²（1hm²=10⁴m²），或棉隆（垄鑫）熏蒸或土壤处理。

（三）桃树腐烂病

桃树腐烂病又名干枯病、胴枯病，属于真菌性病害，主要危害桃树、樱桃、李、杏等核果类果树。

1.危害症状

果树腐烂病主要为害桃树主干、主枝、侧枝，有时也为害主根基部。发病部位多在枝干向阳面及枝杈处。一年中春、秋两季为腐烂病高发期，尤其是4～6月份。发病初期病部稍隆起，呈水浸状，外部可见米粒大的流胶，按之下陷，轮廓呈长椭圆形；病部初为淡黄色，渐变为褐色、棕褐色或黑色；胶点下病组织呈黄褐色湿润腐烂，病组织松软、糟烂，腐烂皮层有酒糟味。后期腐烂组织干缩凹陷，表面产生灰褐色钉头状突起，如撕开表皮，可见许多似弹球状黑色突起，表面产生小黑点，潮湿条件下小黑点上可溢出橘黄色丝状孢子角。当病斑扩展环绕枝干一周时，即造成枝干枯死甚至全树死亡（图1-9）。

图1-9　桃树腐烂病危害树干

2.病原

桃树腐烂病病原为核果黑腐皮壳菌，属子囊菌亚门真菌。无性阶段为壳囊孢菌，属半知菌亚门真菌。

3.流行规律

桃树腐烂病是一种典型的侵染性病菌，孢子借风、雨、昆虫等传播，从寄主的伤口侵入，也可通过皮孔侵入，病菌侵入的主要途径是冻害造成的伤口，此外，剪锯口、虫害、雹灾、日烧等也是病菌侵入的重要途径。通常果树进入结果期后，腐烂病开始发生，并造成流胶现象。随着树龄的增加和产量的不断提高，腐烂病会逐年增多，在正常管理情况下，树体负载量是导致发病的一个关键因素。连年结果，要消耗大量的养分，如果养分供给不足，必然招致腐烂病的发生。经实际调查，枝条含水量80%～100%时病斑扩展缓慢，枝条含水量67%时病斑扩展迅速。此外，中晚熟品种发病重，早熟品种发病轻。

冻伤和管理粗放是诱发桃树腐烂病的重要原因，如果冬季寒冷，春节温度骤升，天气潮湿会导致腐烂病的重发生。秋雨多的年份，也会导致腐烂病的大发生。施肥浇水不当、地势低洼、土质黏重、缺少有机肥、偏施氮肥、虫害发生重、结果过多、枝干日灼、树势衰弱的果园，均会加重桃树腐烂病的发生。

4.防治方法

（1）栽培管理　营养不足，树势衰弱。应针对性地增强树势，增施有机肥料、合理留果、加强管理。

（2）刮治病斑　从2～3月份起应经常检查桃树枝干，如发现病斑，应及时刮治。细心并彻底的刮除变色病皮，然后涂抹消毒剂和保护剂。彻底刮除病皮是防治成功的关键措施。

（3）保护剪口　冬季修剪后保护剪口，防止病菌侵染。彻底清除枯枝落叶，集中处理，减少侵染来源。

（4）化学防治　对老病斑或大病斑，先用利刃在病部上纵向割划数行，各行间每隔0.5cm左右，所割划的范围应超出病斑1cm左右，然后涂50%多菌灵WP 50～100倍液，或70%百菌清WP 50～100倍液。隔7～10天再涂1～2次。

（四）桃煤污病

桃煤污病又称煤烟病，属于桃树中相对常见的表面滋生性病害。

1.危害症状

主要为害叶片，其次为害果实和枝梢。发病初期，开始在叶片正面产生灰褐色污斑，以后逐渐侵染果实和枝梢。后期病情严重时，被害叶片完全失去本色并脱落，果实表面则布满黑色煤烟状物，严重影响光合作用，引起桃树提早落叶（图1-10）。

图1-10　桃煤污病发病果实

2.病原

由多种真菌引起。主要有多主枝孢、大孢枝孢、链格孢，均属半知菌亚门真菌。

3.流行规律

煤污菌以菌丝和分生孢子在病叶上或在土壤内及植物残体上越过休眠期，第二年春天产生分生孢子，借风雨及蚜虫、介壳虫、粉虱等传播蔓延，湿度大、通风透光差以及蚜虫等刺吸式口器昆虫多的桃园往往发病重。荫蔽、湿度大的桃园或梅雨季节易发病。因其繁殖量大，产生的排泄物多，且直接附着在果实表面，形成煤污状残留用清水难以清洗。

4.防治方法

（1）农业防治　改变桃园小气候，增加桃园通透性，雨后及时排水，防止湿气滞留；及时防治蚜虫、粉虱及介壳虫。对于零星栽植的桃园可在严冬年份晚喷清水于树干，结冰后早晨用机械法把冰层振落，蚧壳虫也随之脱落。

（2）药剂防治　11月份落叶后喷2次5波美度的石硫合剂，能最大限度地消灭蚧壳虫以及其他越冬的病虫害。生长季零星发生或发病初期及时喷药，常用药剂有40%克菌丹可湿性粉剂400倍液，50%多菌灵可湿性粉剂600倍液，65%抗霉灵（硫菌霉威）可湿性粉剂1500～2000倍液。每隔15天左右防治1次，视病情防治1～2次。

第二章
桃园常见害虫种类及其防治要点

一、主要靶标害虫种类及其防治方法

（一）桃蚜

桃蚜属同翅目蚜科，又名桃赤蚜、菜蚜、烟蚜，是桃树的主要虫害，对油桃为害尤为严重。除为害桃树外，桃蚜还为害李、杏、梅、樱桃以及烟草、白菜、茄子、菠菜、三色堇、菊花、夹竹桃等多种作物，寄主十分广泛。

1.形态特征

在长江流域，一年中桃蚜有孤雌生殖与两性生殖世代交替的现象。桃蚜以受精卵越冬，卵长椭圆形，初淡绿后变黑色，有光泽。卵孵化后即以孤雌胎方式连续繁殖后代。若虫、成虫形态相似，均为雌蚜，无翅。成虫体肥大，梨形，头、胸部黑色，复眼暗红色。腹部体色变异较大，有绿色、黄绿色或红褐色，背面有一黑斑。5月间产生有翅蚜，迁飞到夏寄主，继续胎生雌蚜繁殖危害。成虫形态特征大体上与无翅胎生雌蚜相似（图2-1）。

2.危害症状与习性

在春季桃树发芽展叶时，卵持续孵化。可先潜入未开花苞，使花芽、花蕾受害，并造成落蕾。成、若虫群集在芽、叶、嫩梢

图 2-1　桃蚜

上刺吸汁液，被害叶向背面不规则地卷曲皱缩，最后干枯，影响新梢生长。蚜虫排泄的蜜露，常造成煤烟病，同时，桃蚜还能传播多种病毒病。桃蚜对黄色有强烈的趋性，而对银灰色有负趋性，此外还具有趋嫩性，集中在幼嫩部位为害。

3.发生规律

桃蚜世代历期短，繁殖能力强，在长三角地区一年发生20余代。以卵在桃枝条、芽腋、裂缝和小枝杈等处越冬。越冬卵在桃花芽膨大时开始孵化，5月初繁殖速度最盛，危害严重。春季有翅蚜从桃树迁飞到烟草和蔬菜等植物上，夏季发生2～3次有翅蚜，在烟草和蔬菜等植物间扩散，秋末发生有翅性母（雌性蚜之母）和雄蚜从烟草、蔬菜等迁飞到桃树上，交配产卵。冬季也可以在大棚内的茄果类蔬菜上继续繁殖为害。桃蚜的发生与为害受温湿度影响很大，桃蚜发育起点温度为4.3℃，最适温度为17℃左右，气温超过28℃时种群数量会迅速下降；连日平均相对湿度在80%以上或低于40%时，或大暴风雨后，虫口数量下降。

4.防治方法

夏季可少种或不种十字花科蔬菜，以减少或切断秋菜的蚜源和毒源。蔬菜收获后，及时处理残株落叶；保护地在种植前应做好清园杀虫工作。桃蚜的天敌（如瓢虫、食蚜蝇等）较多，施药时要避免选用全杀性的药剂，或避开天敌的发生高峰期。化学防治，桃芽萌动后，喷95%的机油乳剂100～150倍液，兼治介壳虫、红蜘蛛。桃树开花期前后可选用50%抗蚜威可湿性粉剂2500倍液，落花后可选用5%啶虫脒乳油2000倍液或10%吡虫啉可湿性粉剂2500～4000倍液。啶虫脒内吸性，兼触杀、胃毒作用，且速效和持效性强。吡虫啉低毒，内吸性，可兼治叶蝉、蚧虫。秋季桃蚜迁飞回桃产卵数量多时，用30%乙酰甲胺磷乳油配成500～750倍液。喷药要及时、细致周到、不漏树、不漏枝。

（二）桃一点叶蝉与小绿叶蝉

桃一点叶蝉属同翅目叶蝉科，又名桃一点斑叶蝉。危害桃、李、杏、梨、山楂、苹果、杨梅等，以桃受害最严重。小绿叶蝉也称桃小绿叶蝉，属同翅目叶蝉科，又称桃叶蝉、桃小浮尘子、桃小叶蝉等。食性更杂，除桃、杏、李、樱桃、梅、葡萄等，还危害棉花、大豆、十字花科蔬菜木芙蓉等。

1.形态特征

桃一点叶蝉卵长椭圆形，一端略尖，乳白色，半透明。若虫淡墨绿色，复眼紫黑色，翅芽绿色。成虫体黄绿色或绿色。头顶部有1个明显的黑色圆斑，其外周有白色晕圈。前翅白色半透明，翅脉黄绿色，后翅无色透明。雄虫腹部背面具有黑色宽带，雌虫仅具一个黑斑（图2-2）。

桃小绿叶蝉形态上与桃一点叶蝉极为相似，危害症状、习性以及发生规律也相似，二者过去多有混淆。卵长椭圆形，淡绿色，头冠色淡黄绿，复眼灰褐，颜面色泽较黄，胸部背板鲜绿色，在头冠和胸部背板上常有少数白色斑点，前翅近于透明，微带黄绿色，周缘具淡绿色细边，胸、腹部腹面为淡黄、淡绿或淡黄绿色（图2-3）。

2.危害症状与习性

成虫、若虫刺吸寄主植物的嫩叶、花萼和花瓣汁液，形成半透明斑点。落花后，集中于叶背为害，后害叶片形成许多灰白色斑点。严重时全树叶片苍白，提前落叶，树势衰弱。

以成虫在杂草丛、落叶层下和树缝等处越冬。翌年桃树等萌芽后，越冬成虫迁飞到桃树上为害与繁殖。卵多散产在叶背主脉组织内若虫孵化后留下褐色长形裂口。前期为害花和嫩芽，花落后转移到叶片上为害。若虫喜欢群集于叶背为害。成、若虫有横向爬行的习性。成虫在晴朗天气、温度高时活跃，善跳跃、迁飞，清晨傍晚和阴雨天不活动，无趋光性。

图2-2 桃一点叶蝉

3.发生规律

桃一点叶蝉在长三角一带年发生4代。以成虫在杂草丛、落叶层下和树缝等处越冬。翌年桃树等萌芽后，越冬成虫迁飞到桃树上为害与繁殖。桃一点叶蝉3月初从寄主植物上陆续迁飞至桃园，吸食桃花，落花后吸食叶片。4月中旬开始产卵，5月中下旬为1代若虫孵化盛期，若虫群聚叶背为害，6月上旬形成第1次危害高峰期。第2代成虫6月中旬开始产卵，7月下旬若虫孵化，8月下旬形成第2次危害高峰期。从第2代起各世代重叠发生，全年以6月上中旬至9月中旬虫口密度高，危害严重。秋季温度若偏高，危害加重并后延。

桃小绿叶蝉年生4～6代，以成虫在落叶、杂草或低矮绿色植物中越冬。翌春桃、李、杏发芽后出蛰，飞到树上刺吸汁液，经取食后交尾产卵，卵多产在新梢或叶片主脉里。卵期5～20天；

若虫期10～20天，非越冬成虫寿命30天；完成1个世代40～50天。因发生期不整齐致世代重叠。6月虫口数量增加，8～9月最多且为害重。秋后以末代成虫越冬。成、若虫喜白天活动，在叶背刺吸汁液或栖息。成虫善跳，可借风力扩散，旬均温15～25℃适其生长发育，28℃以上及连阴雨天气虫口密度下降（图2-3）。

4.防治方法

（1）农业防治　秋后彻底清除落叶和杂草，集中烧毁，以减少虫源；并结合冬春季病虫防治，给周边常绿植物寄主上喷布石硫合剂或其他杀虫剂，大幅度降低越冬虫口密度；生长季及时清除园内杂草，严防害虫交叉隐蔽。

（2）化学防治　3月份越冬成虫迁入期，5月中、下旬第1代若虫孵化盛期，7月中、下旬果实采收后第2代若虫孵化盛期，以上是防治的3个重要时期，喷25%扑虱灵可湿性粉剂1000倍液，20%甲氰菊酯2500倍液或25%吡蚜酮可湿性粉剂2500～5000倍液。

图2-3　桃小绿叶蝉

（三）桃白蚧

桃白蚧属同翅目盾蚧科，又称桑盾蚧、桑白蚧，是桃、李、梅等核果类果树的重要害虫，其他寄主有桑、木槿、樱花等多种林木。

1.形态特征

卵，椭圆形，初粉红后变黄褐色，卵孵化前为橘红色。若虫初孵淡黄褐色，扁椭圆形，眼、触角、足俱全，腹部有2根尾毛。雌成虫圆形或椭圆形，介壳白色或灰白，圆形或椭圆形，背面隆起；中央有一橙黄壳点，虫体淡黄或橙黄。雄成虫介壳白色，似长椭圆形小茧，前端有橙黄色壳点，背面有3条隆起线，虫体橙赤，头部稍尖。蛹橙黄色，长椭圆形，仅雄虫有蛹（图2-4，图2-5）。

图2-4　桃白蚧

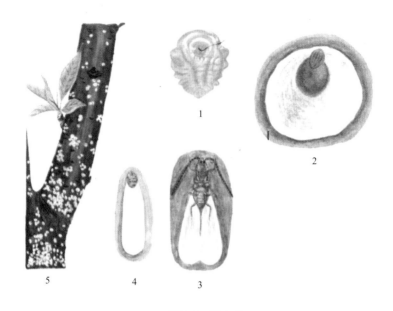

图2-5　桃白蚧

1—雌成虫腹面观；2—雌成虫盾壳；3—雄成虫腹面观；4—雄蛹蜡茧；5—桃枝被害状

2.危害症状与习性

该虫以群集固定在枝干为害为主，以其口针插入新皮，吸食树体汁液。卵孵化后，发生严重的桃园，植株枝干上随处可见片片发红的若虫群落，虫口难以计数。介壳形成后，枝干上密布介壳，枝条灰白，凹凸不平。被害树树势严重下降，枝芽发育不良，甚至引起枝条或全株死亡。此外，一般以二、三年生的枝条受害最重，若虫扩散均围绕母体不远，而母体固定吸食树液当在口针易插入树皮处。

取食后虫体迅速肥大，腹部圆厚，体色转深呈紫红色，此时介壳顶起，容易剥离。初孵若虫能在树枝上爬行活动，群集桑芽叶两旁或其他裂隙内取食，经1周蜕皮为2龄虫，以口针固定休躯不再移动，又1周蜕第2次皮，再经1～2周蜕第3次皮即为无翅雌成虫。雄虫若虫期2龄，蜕皮2次后变为前蛹，然后转变为蛹，羽化为雄成虫。雌虫交尾后交卵于介壳内体下，也有不经交尾行孤雌生殖的，产卵后即死于介壳下，雄成虫飞翔力弱，只能在树上爬动，寿命从几小时到一昼夜，交尾后即死。

3.发生规律

在江苏，浙江等地一年发生3代。以受精雌成虫在枝干上介壳下越冬。越冬代雌成虫于次年3月下旬至4月上旬开始产卵，4月中下旬孵化为若虫，5月上中旬形成新的介壳，完成第1代。第一代雌成虫于6月中旬开始产卵，6月下旬至7月上旬出现若虫，7月中下旬形成新的介壳，完成第2代。第二代雌成虫于8月中旬产卵，8月下旬至9月上旬孵化为若虫，9月中旬至下旬形成介壳，完成第3代。

4.防治方法

农业防治主要结合修剪剪除被害严重的有虫枝条，消灭枝条上的越冬成虫。冬春季采用硬毛刷或钢刷刷掉并捏杀枝干上的虫体，可大大降低虫口基数。天敌种类较多，主要天敌为红点盾瓢虫、日本方头甲，对抑制其发生有一定作用。化学防治方面，春季树体发芽前用95%机油乳油100～150倍液。若虫分散转移分泌蜡质形成介壳之前喷10%吡虫啉可湿性粉剂4000倍液，25%扑虱灵可湿性粉剂1000倍液。在若虫分散转移分泌蜡质介壳形成初期，可用25%扑虱灵可湿性粉剂1000倍液喷雾。在介壳形成期即成虫期，可用45%马拉硫磷（灭蚧）乳油500～800倍液喷施防治。

（四）梨小食心虫

梨小食心虫鳞翅目卷蛾科，别名梨姬食心虫、桃折梢虫，简称"梨小"。危害桃、梨、苹果、李、杏等。国内分布面广，较常见。

1.形态特征

卵呈扁椭圆形，初呈乳白色半透明，后变淡黄白色。幼虫头部黄褐色，体背面粉红色，腹面色浅。成虫暗褐或灰褐色，无光泽；前翅深灰褐色，前缘色深，上有10组白色短斜纹，翅面中部有一明显小白点（图2-6）。

2.危害症状与习性

春夏季发生的幼虫主要蛀食嫩梢，受害后嫩梢枯萎下垂，俗称"折梢"，最后纵裂流胶；每条幼虫可食害3～4个新梢。夏秋季发生的幼虫主要蛀食果实，幼虫为害果多从萼、梗洼处蛀入，早期被害果蛀孔外有虫粪排出，晚期被害多无虫粪。幼虫蛀

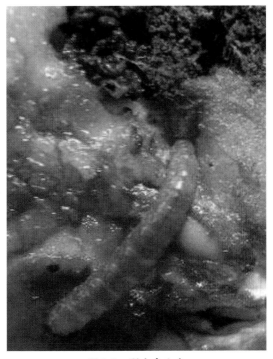

图2-6 梨小食心虫

图2-7 梨小食心虫危害果

入直达果心，高湿情况下蛀孔周围常变黑腐烂渐扩大，俗称"黑膏药"。蛀食桃李杏多为害果核附近果肉。成虫白天静伏，对糖醋液、果汁及光黑灯有趋性，特别是对合成的性诱剂有强烈趋性。产卵于中部叶背，危害果实的产于果实表面，仁果类多产于萼洼和两果接缝处（图2-7）。

3.发生规律

长三角地区一年发生5代，以老熟幼虫在果树枝干裂皮缝隙、主干根颈周围表土下、堆果场所等处结茧越冬。越冬代成虫于4月上中旬开始羽化，4月底至5月上旬达羽化盛期，出现成虫高峰。1代成虫发生期在5月底初见，盛期为6月上旬。2代成虫于7月中旬初见，盛期在7月下至8月上旬，末期为9月初。3代成虫，发生于9月初，盛期不明显，一般至9月中旬末绝迹。

4.防治方法

果树发芽前，细致刮除老枝干、剪锯口、根颈等处的老翘皮。秋季在越冬幼虫脱果前，在树干或主枝基部绑草，诱集幼虫越冬。摘除被害虫果，剪除被害桃、梨虫梢。成虫发生初期，每隔50m挂1个含梨小食心虫性诱剂200μg的诱芯水碗诱捕器，诱杀成虫。化学防治方面，一般采用10%氯氰菊酯2 000倍液或1.8%阿维菌素3000～4000倍液。

（五）桃蛀螟

桃蛀螟属鳞翅目螟蛾科，又称桃蛀野螟、桃斑螟、桃实虫、桃蛀虫，俗称桃蛀心虫。危害桃树、梨、苹果、杏、石榴、板栗、山楂、枇杷、玉米、向日葵、棉花等40余种植物。

1.形态特征

卵椭圆形，表面粗糙布细微圆点，初乳白渐变橘黄、红褐色。幼虫体色多变，有淡褐、浅灰、浅灰蓝、暗红等色，腹面多为淡绿色。头暗褐，前胸盾褐色，臀板灰褐，各体节毛片明显。气门椭圆形，围气门片黑褐色突起。成虫黄至橙黄色，体翅表面具许多黑斑点似豹纹（图2-8，图2-9）。

2.危害症状与习性

幼虫多从桃果柄和两果相贴处蛀入，蛀孔外堆有大量虫粪，幼虫取食果肉，并使受害部位充满虫粪，虫果易腐烂脱落。成虫昼伏夜出，对黑光灯和糖酒醋液趋性较强，喜食花蜜和吸食成熟的桃、葡萄的果汁。喜于枝叶茂密处的果上或相接果缝产卵。初孵幼虫先于果梗、果蒂吐丝蛀食、蜕皮后从果梗蛀入果心，食害嫩仁、果肉，一般1果内有1～2头，多者8～9头。

3.发生规律

长江流域一年发生4～5代，均以老熟幼虫于粗皮缝中内越

图2-8　桃蛀螟（一）

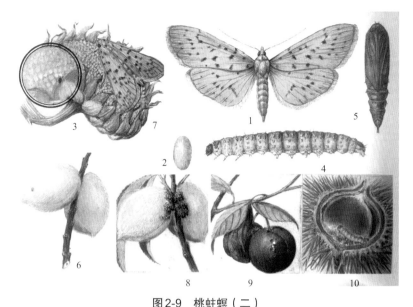

图2-9　桃蛀螟（二）

1—成虫；2,3—卵；4—幼虫；5—蛹；6～10—危害状

冬。翌年4月初越冬幼虫化蛹，4月下旬进入化蛹盛期，4月底至
5月下旬羽化，越冬代成虫把卵产在桃树上。6月中旬至6月下旬1
代幼虫化蛹，1代成虫于6月下旬开始出现，7月上旬进入羽化盛
期，二代卵盛期跟着出现，7月中旬为2代幼虫为害盛期。8月上、
中旬为2代羽化盛期。第3代卵于7月底8月初孵化，8月中、下旬
进入3代幼虫为害盛期。8月底3代成虫出现，9月上中旬进入盛期，
9月中旬至10月上旬进入4代幼虫发生为害期，10月中、下旬气温
下降则以4代幼虫越冬。

4.防治方法

　　冬季及时清除桃园周围玉米、向日葵花盘等越冬寄主的残株，
早春桃树发芽前刮除老翘树皮。及时摘除虫果。5月中下旬对中
晚熟品种完成套袋。药剂防治主要抓好越冬代和第一代成虫产卵
高峰期进行。前者在果实套袋前喷一次药。可选用药剂有50%杀

螟松乳剂1000倍液，2.5%溴氰菊酯乳油2500倍液，或25%灭幼脲1500～2500倍。最后一次用药注意掌握安全间隔期。

（六）桃潜叶蛾

桃潜叶蛾属鳞翅目潜叶蛾科，又称桃冠潜蛾。危害桃、李、杏、樱桃、苹果、梨、山楂、稠李等。

1.形态特征

卵圆形，乳白色，孵化前变为褐色。幼虫念珠形略扁，节间沟痕明显，头和足褐色，腹足5对，老熟后淡绿色。成虫体银白色，触角丝状，长于体。触角基部鳞毛形成"眼罩"，银白色稍带褐色。唇须短小，尖而下垂。前翅狭长，银白色，有长缘毛，中室端部有一椭圆形黄褐色的斑点。后翅银灰色，缘毛长（图2-10）。

图2-10　桃潜叶蛾

图2-11　桃潜叶蛾病叶

2.危害症状与习性

幼虫于叶内蛀食，初隧道呈线状，多向叶缘蛀食，隧道逐渐加宽，致上表皮与叶肉分离成白色，蛀至叶缘常使叶缘向叶里面卷转，可把隧道盖住，日久被害部干枯，叶片脱落。成虫昼伏夜出，卵散产在叶表皮。孵化后在叶肉里潜食，初串成弯曲似同心圆状蛀道，常枯死脱落成孔洞，后线状弯曲亦常破裂，粪便充塞蛀道中。幼虫老熟后钻出，多于叶背吐丝搭架，于中部结茧，于内化蛹，少数于枝干上结茧化蛹（图2-11）。

3.发生规律

每年发生7～8代，以蛹在被害叶上的茧内越冬。4月份桃展叶后成虫羽化，5月上旬始见第1代成虫。后每20～30d完成1代。发生期不整齐，10～11月份以末代幼虫于叶上结茧化蛹越冬。

4.防治方法

冬季结合清园，扫除落叶烧毁。化学防治选用25％灭幼脲3号1500～2000倍和20%杀铃脲8000～10000倍或50%杀螟松乳油1000倍液。

二、其他常见害虫种类及其化学防治方法

（一）桃粉蚜

桃粉蚜属于同翅目蚜科，又名桃大尾蚜、桃粉绿蚜等，是桃树和碧桃上的重要害虫之一。越冬及早春寄主（第1寄主）除桃外，还有李、杏、梨、樱桃、梅等果树及观赏树木。夏、秋寄主（第2寄主）为禾本科杂草。如芦苇。

1.形态特征

卵椭圆形，初产时黄绿色，后变黑绿色，有光泽。成虫分无翅胎生雌蚜和有翅胎生雌蚜。无翅胎生雌蚜长椭圆形，淡绿色，被覆白粉，尾片大长圆锥形。有翅胎生雌蚜长卵形，头、胸部暗黄色，腹部橙绿色至黄褐色，被覆白粉，尾片大。若虫形似无翅胎生雌蚜。

图2-12　桃粉蚜

2.危害症状与习性

该虫以成、若蚜群集叶背或嫩梢上刺吸汁液，受害叶片向背面卷成匙状，嫩梢生长缓慢或停止。叶片和嫩梢布满其分泌的白色蜡粉，影响光合作用，并易诱发烟煤病，致使桃树叶片提前脱落，树势早衰，影响当年果实发育和花芽分化。

3.发生规律

在长三角地区每年发生10～20代左右，主要以卵在桃、李、杏、梅等枝条的芽腋和树皮裂缝处越冬。5～6月份繁殖最盛，危害严重，大量产生有翅胎生雌蚜，迁飞到夏寄主上危害繁殖，10～11月份产生有翅蚜，返回冬寄主，产生有性蚜交配产卵越冬。

4. 防治措施

防治方法可参见桃蚜防治。

（二）叶螨

为害桃树叶片的常见叶螨主要有山楂叶螨和二斑叶螨，均为真螨目叶螨科。山楂叶螨俗称山楂红蜘蛛，二斑叶螨也称二点叶螨。两种叶螨除为害桃、苹果等果树外，山楂叶螨还为害樱花、贴梗海棠、西府海棠等花木。二斑叶螨还为害棉花、瓜类、豆类、蔷薇等多种植物。

1.形态特征

（1）山楂叶螨　卵圆球形，春季产卵呈橙黄色，夏季产的卵呈黄白色。初孵幼螨体圆形、黄白色，取食后为淡绿色，3对足。前期若螨体背开始出现刚毛，两侧有明显墨绿色斑，后期若螨体较大，体形似成螨。雌成螨卵圆形，冬型鲜红色，夏型暗红色。雄成螨体末端尖削，橙黄色（图2-13）。

（2）二斑叶螨　卵球形，光滑，初产为乳白色，渐变为橙黄色，将孵化时现出红色眼点。幼螨初孵时近圆形，白色，取食后变暗绿色，眼红色，足3对。若螨近卵圆形，足4对，色变深，体背出现色斑。雌成螨椭圆形，生长季节为白色、黄白色，体背两侧各具1块黑色长斑，取食后呈浓绿、褐绿色；当密度大，或种群迁移前体色变为橙黄色。在生长季节绝无红色个体出现。滞育型体呈淡红色，体侧无斑。雄成螨近卵圆形，前端近圆形，腹末较尖，多呈绿色（图2-13）。

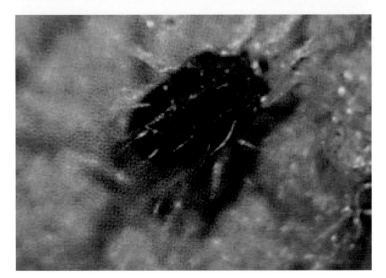

山楂叶螨

二斑叶螨

图2-13　山楂叶螨和二斑叶螨

2.危害症状与习性

山楂叶螨与二斑叶螨是同属不同种的害虫，故有很多特性相似。如二者均在叶背群集危害，均能拉丝结网，使叶片失绿、焦枯和脱落。二斑叶螨的出蛰温度为5～7℃，3月下旬开始发现其出蛰活动，主要在地面早春绿色植物上活动，山楂叶螨则于4月上旬出蛰，而此时的二斑叶螨开始退去橘红色，变成黄绿色，取食后背部前区两横山形斑明显，并产卵。再者，由于二斑叶螨体色和山楂叶螨的幼若螨体色相近，且二者均有吐丝结网习性，故常被误认为山楂叶螨的后期若螨，于是沿用山楂叶螨防治手段，使二斑叶螨乘机不断源源上树，数量是暴发式增加，以致泛滥成灾。此外，山楂叶螨与二斑叶螨均可孤雌生殖。第一代若虫孵出后，群集叶背为害，这时越冬雌虫大部分死亡，是用药防治的有利时机。

3.发生规律

（1）山楂叶螨　每年发生10～20代左右，以受精雌成螨在主干、主枝和侧枝的翘皮、裂缝、根颈周围土缝、落叶及杂草根部越冬。4月上旬出蛰，出蛰后一般多集中于树冠内膛局部为害，以后逐渐向外堂扩散。9～10月开始出现受精雌成螨越冬。高温干旱条件下发生并危害重。

（2）二斑叶螨　在南方发生20代以上，以受精的雌成虫在土缝、枯枝落叶下或小旋花、夏至草等宿根性杂草的根际等处吐丝结网潜伏越冬。在树木上则在树皮下，裂缝中或在根颈处的土中越冬。当3月候平均温度达10℃左右时，越冬雌虫开始出蛰活动并产卵。成虫开始产卵至第1代幼虫孵化盛期需20～30天，以后世代重叠。在早春寄主上一般发生一代，于5月上旬后陆续迁移到蔬菜上为害。由于温度较低，5月份一般不会造成大的为害。随着气温的升高，其繁殖也加快，在6月上、中旬进入全年的猖獗为害期，于7月上、中旬进入年中高峰期。进入11月后均滞育越冬。

4.防治方法

（1）农业防治　树木休眠期刮除老皮，重点是刮除主枝分杈以上老皮，主干可不刮皮以保护主干上越冬的天敌，清除果园里的枯枝落叶和杂草，集中深埋或烧毁，消灭越冬雌成螨；树干基部培土拍实，防止越冬螨出蛰上树。

（2）化学防治　在发芽前结合防治其他害虫可喷洒波美石硫合剂或45%晶体石硫合剂20倍液。花前是进行药剂防治叶螨和多种害虫的最佳施药时期，选用5%唑螨酯乳油2500倍液、25%除螨酯（酚螨酯）乳油1000～2000倍液、1.8%阿维菌素3000～4000倍液等。

（三）桃红颈天牛

桃红颈天牛属鞘翅目天牛科，又称红颈天牛、铁炮虫、哈虫。主要为害桃，偶尔为害杏、榆、柳、栎等。

1.形态特征

卵淡绿色，有的乳白色，后端尖长椭圆形，形似芝麻粒。幼虫黄白色，前胸背板横长方形，前半部横列黄褐色斑块4个，背面2个横长方形，前缘中央有凹缺；两侧的斑块略呈三角形，后半部色淡有纵皱纹。成虫体黑色，有光亮；前胸背板红色，偶有黑色的，背面有4个光滑疣突，具角状侧枝刺；鞘翅翅面光滑，基部比前胸宽，端部渐狭。雌虫前胸腹面有许多横绉。雄虫密布刻点（图2-14）。

2.危害症状与习性

桃红颈天牛主要为害木质部，卵多产于树势衰弱枝干树皮缝隙中，幼虫孵出后向下蛀食韧皮部。次年春天幼虫恢复活动后，继续向下由皮层逐渐蛀食至木质部表层，初期形成短浅的椭圆形蛀道，中部凹陷。6月份以后由蛀道中部蛀入木质部，蛀道不规则。随后幼虫由上向下蛀食，在树干中蛀成弯曲无规则的孔道，有的孔道长达50cm。仔细观察，在树干蛀孔外和地面上常有大量排出

图2-14　桃红颈天牛

的红褐色粪屑。此外，在雨后晴天成虫发生量最多，成虫羽化出洞后，上午9～10点至下午3～4点前多在枝干上爬行或歇息，易于捕捉。虫口密度大时，同一桃树主干可见不同龄期的幼虫。

3.发生规律

每2～3年1代，以各龄幼虫越冬。寄主萌动后开始为害。幼虫蛀食树干，初期在皮下蛀食逐渐向木质部深入，钻成纵横的虫道，深达树干中心，上下穿食，并排出木屑状粪便于虫道外。受害的枝干引起流胶，生长衰弱。幼虫在树干的虫道内蛀食两三年后，老熟后在虫道内作茧化蛹。成虫在6月间开始羽化，中午多静息在枝干上，交尾后产卵于树干或骨干大枝基部的缝隙中，卵经10天左右，孵化成幼虫，在皮下为害，以后逐渐深入到木质部。孵化的初龄幼虫在果树地皮层下蛀食为害，幼虫长到3cm左右，则以蛀食果树的木质部为主，并向外咬一个排粪孔。入冬后，幼虫休眠，立春开始活动，循环往复，年年如此。

4.防治方法

　　6～8月间经常检查枝干，发现细小新鲜虫粪，及时钩杀或挖出浅层危害的小幼虫。在树干上涂刷石灰硫黄混合涂白剂（生石灰10份：硫黄1份：水40份）防止成虫产卵。6～7月间成虫发生盛期和幼虫刚刚孵化期，在树体上喷洒杀50%螟松乳油1000倍液或10%吡虫啉2000倍液。再就是虫孔施药，大龄幼虫蛀入木质部，喷药对其已无作用，可采取虫孔施药的方法除治。清理一下树干上的排粪孔，用一次性医用注射器，向蛀孔灌注50%敌敌畏800倍液或10%吡虫啉2000倍液，然后用泥封严虫孔口。

（四）桃叶斑蛾

　　桃叶斑蛾属于鳞翅目斑蛾科。又称杏星毛虫、红褐星毛虫、梅黑透羽。危害桃、杏、李、梅、樱桃、山楂、梨、柿、葡萄等。

1.形态特征

　　卵呈块状，每块有卵数十粒至百粒，初产淡黄色，后变黑褐色。老熟幼虫头小，褐色；体背面暗紫色，腹面紫红色，每节有6个毛丛，白色。成虫全体黑色，有黑蓝色光泽，翅半透明，翅脉和边缘黑色（图2-15）。

2.危害症状与习性

　　幼虫花芽膨大期开始活动，食芽、花、叶，开绽期钻入花芽内蛀食花蕾或芽基。早春蛹萌动的芽会枯死。发芽后，为害花、嫩芽和叶，食叶成缺刻和孔洞，严重的将叶片吃光。成虫飞翔力弱，早晨假死落地，极易捕捉。卵多产于叶背主脉处，亦有产在枝条上的。幼虫白天躲藏在背阴树干缝隙和土壤缝里，傍晚6～9时上树危害，多先危害下部枝。也有少数幼虫吐丝缀连2～3片叶子藏在里边。幼虫受惊扰吐丝下垂。

图2-15　桃叶斑蛾

3.发生规律

各地均每年发生1代，以初龄幼虫在剪锯口的裂缝中和树皮缝、枝杈及贴枝叶下结茧越冬。果树芽尚未萌动即出来蛀食芽，在芽旁蛀有针孔大小的洞。越冬代幼虫5月中、下旬老熟，第1代幼虫于6月中旬始见，7月上旬结茧越冬。

4.防治方法

利用其假死习性在清晨振树，待其落地捕捉。产卵成块，数量大，巡视发现后及时摘除产卵叶片。幼虫危害期主干绑15cm宽型抖布可阻止幼虫上树，或用棉虫带阻杀。早期施用杀螟硫磷、氰戊菊酯等均可，但需注意桃树花期即将来临前不宜喷药，以免杀伤天敌。休眠期刮树皮可消灭越冬幼虫。

（五）金龟子类

金龟甲类害虫常见害虫种类甚多，食性杂，危害桃树的种类主要有：黑绒金龟子（又称东方金龟子）和苹毛金龟子（又称苹毛丽金龟）两种。

1.形态特征

（1）黑绒金龟子　成虫卵圆形，黑色或黑褐，也有棕色个体，微有虹彩闪光。头大，唇基长大粗糙而油亮，刻点皱密，有少数刺毛，中央多少隆凸、额唇基缝钝角形后折，与前缘几平行，头面有绒状闪光层。卵呈椭圆形，乳白色，有光泽，孵化前色泽逐渐变暗。老熟幼虫头黄褐色。体弯曲，污白色，全体具黄褐色刚毛。胸足三对，后足最长。蛹为黄褐至黑褐色，蛹的腹部末端有臀刺1对，蛹期10天左右（图2-16）。

（2）苹毛丽金龟　成虫体卵圆形。头胸背面紫铜色，并有刻点。鞘翅为茶褐色，具光泽。由鞘翅上可以看出后翅折叠之"V"字形。腹部两侧有明显的黄白色毛丛，尾部露出鞘翅外。后足胶节宽大，有长、短距各1根。卵椭圆形，乳白色。临近孵化时，表面失去光泽，变为米黄色，顶端透明。幼虫头部为黄褐色，胸腹部为乳白色。蛹为裸蛹，深红褐色（图2-16）。

2.危害症状与习性

两种金龟子均食花芽、花蕾及嫩叶，严重时可将叶片吃光，仅剩叶脉。均以成虫在土中越冬，早春雨后出现成虫发生高峰期等。相异点为：黑绒金龟子属夜出（傍晚）活动型，苹毛金龟子为白天上树危害型（夜间则潜入土中）。后者当温度大于20℃时则取食后不在下树，直至产卵。二者均有趋光性和假死性。

3.发生规律

（1）黑绒金龟子　1年发生1代，以成虫在20～30cm土层越冬。第二年4月上、中旬大量出土活动，多在傍晚17～18时的黄

黑绒金龟子

苹毛丽金龟

图2-16　黑绒金龟子与苹毛丽金龟

昏时候飞出。成虫在出土初期雄虫多于雌虫，一旦出土后就会立即进行取食、飞翔、交尾。飞翔高度可达10m，最高的可以达到300m以上。交尾后10天左右在土壤内16～20cm处产卵，呈块状，每块1～5粒，后期卵粒散开。产卵量与成虫取食寄主植物的种类有关。卵期5～10天。一般情况下，幼虫各龄期发生在6～8月份，8月以后，幼虫转入地下化蛹，蛹期15天左右，新羽化出的成虫，当年不出土，即行越冬。

（2）苹毛丽金龟　1年发生1代，以成虫在土中越冬。4月上旬果树开花期大量发生，危害花蕾嫩叶，早晚不活动，中午绕树飞舞，群集危害，5月上旬开始入地产卵，卵经过10多天孵化为幼虫危害根系，6月进入幼虫阶段，8月进入蛹期，9月上旬开始羽化，成虫羽化后当年不出土，即于蛹室内越冬，次年4月出土活动。

4.防治方法

利用假死性和和趋光性，在成虫发生盛期可人工捕杀和用黑光灯诱杀。成虫盛发期在无风雨天下午3点左右田间插枝诱杀（可用杨、柳、榆）。在成虫盛发期，用45%氯氰菊酯2000倍液、2.5%溴氰菊酯1000倍液喷雾在树叶上。

（六）褐刺蛾

褐刺蛾属鳞翅目刺蛾科，又称刺蛾、八角虫、八角罐、洋辣子、羊蜡罐、白刺毛。危害苹果、梨、桃、李、杏、樱桃、山楂、海棠、枣、柿、石榴、栗、核桃、柑橘、茶、榆等多种果树。

1.形态特征

卵扁平椭圆形，淡黄色。老熟幼虫体肥大，头小，缩入前胸。体绿色，背面有"8"字形紫褐色斑。成虫体黄色，前翅内半部黄色，端部褐色，内面有一条深褐色斜纹伸到中室，为黄色与褐色的分界线，中室部分有一大黄褐色圆纹，后翅灰黄色。触角雌性丝状，雄性双栉齿状，喙退化。蛹椭圆形，黄褐色（图2-17）。

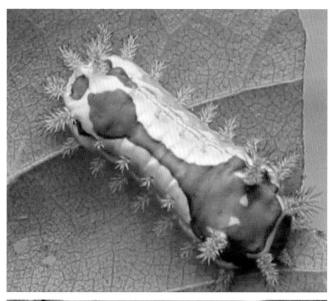

图2-17　褐刺蛾幼虫与成虫

2.危害症状与习性

幼虫食叶。低龄啃食叶肉，稍大食成缺刻和孔洞，严重时食成光杆。成虫昼伏夜出，有趋光性。卵多成块产在叶背，每雌产卵300多粒，幼虫孵化后在叶背群集并取食叶肉，半月后分散为害，取食叶片。随着虫龄增大，食量大增，大量发生时常将叶片吃光。老熟幼虫喜欢在枝杈和小枝上结茧，先啃咬树皮，深达木质部，然后吐丝并排泄草酸钙等物质，形成坚硬蛋壳状茧。

3.发生规律

在长三角地区一年发生2代，以老熟幼虫在树干附近土中结茧越冬。越冬幼虫于5月中旬开始化蛹，6月初陆续开始羽化产卵，6月中旬第1代幼虫出现，7月下旬老熟幼虫开始化蛹，8月上旬第1代成虫出现，8月下旬出现第2代幼虫，9月底10月初老熟幼虫陆续下爬至表土中结茧越冬。

4.防治方法

农业防治方面，结合果树冬剪，彻底清除或刺破越冬虫茧。在发生量大的年份，还应在果园周围的防护林上清除虫茧。夏季结合农事操作，人工捕杀幼虫。大部分刺蛾成虫具较强的趋光性，可在成虫羽化期于19～21时用灯光诱杀。化学防治方面，幼虫发生初期喷20%虫酰肼悬浮剂1500倍液，或20%氰戊菊酯5000～8000倍。

（七）茶翅蝽

茶翅蝽属于半翅目蝽科。俗称"臭板虫""梨蝽象"。茶翅蝽寄主范围广泛，除危害桃、苹果、梨、樱桃、杏、海棠、山楂等果树，还可危害大豆、菜豆和甜菜等作物。

1.形态特征

茶翅蝽的生长发育分为卵、若虫和成虫期。卵：短圆筒形，顶端平坦，中央略鼓，周缘生短小刺毛，淡绿色或白色，通常28粒卵并列为不规则三角形的卵块，隐蔽于叶背面。若虫：可分为5个龄期，1龄体淡黄色，头部黑色。2龄体体色淡褐色腹背面出现2个臭腺孔。3龄体棕褐色。4龄体茶褐色。5龄体腹部呈茶褐色。成虫身体扁平略呈椭圆形，前胸背板前缘具有4个黄褐色小斑点，呈一横列排列，小盾片基部大部分个体均具有5个淡黄色斑点，其中位于两端角处的2个较大。不同个体体色差异较大，茶褐色、淡褐色，或灰褐色略带红色，具有黄色的深刻点，或金绿色闪光的刻点，或体略具紫绿色光泽。老熟幼虫头小，褐色；体背面暗紫色，腹面紫红色，每节有6个毛丛，白色。成虫全体黑色，有黑蓝色光泽，翅半透明，翅脉和边缘黑色（图2-18）。

2.危害症状与习性

茶翅蝽是果园常见的害虫，成虫和若虫均可为害，以其刺吸式口器刺入果实、植物枝条和嫩叶吸取汁液。成虫经常成对在同一果实上为害，而若虫则聚集为害。被为害的果实轻则会呈现部分凹陷斑，重则可造成果实畸形，不但直接影响果实品质和质量，还可造成落果。除了刺吸对植物造成直接为害外，被刺吸的部位很容易被病菌侵染，更重要的是在刺吸的同时可传播病毒。

3.发生规律

在中国不同地区发生代数不同，在我国南方地区茶翅蝽一年可发生5～6代。北方则每年发生1～2代，以受精的雌成虫在果园中或在果园外的室内、室外的屋檐下等处越冬。来年4月下旬至5月上旬，成虫陆续出蛰。越冬代成虫可一直为害至6月份，然后多数成虫迁出果园，到其他植物上产卵，并发生一代若虫。在6月上旬以前所产的卵，可于8月以前羽化为第一代成虫。第一代成虫可很快产卵，并发生第二代若虫。而在6月上旬以后产的卵，只能发生一代。在8月中旬以后羽化的成虫均为越冬代成虫。越冬代成虫平均寿命为301天，最长可达349天。在果园内发生或由外面迁

图2-18　茶翅蝽

入果园的成虫，于8月中旬后出现在园中，为害后期的果实。10月后成虫陆续潜藏越冬。

4.防治方法

（1）人工防治　清晨摇树振落，捕捉成虫。6月下旬摘除卵块，及时消灭未分散的若虫。

（2）生物防治　寄生蜂对蝽象卵块的寄生率可达80％。因此，将收集到的卵块放在容器内，待寄生蜂羽化后放回果园。

（3）化学防治　噻虫嗪和联苯菊酯都对茶翅蝽具有高致死率，但甲氰菊酯和呋虫胺只是起到了抑制取食的作用。发生严重的果园，喷50％对硫磷1500～2000倍液、50％杀螟硫磷1000倍液、30％乙酰甲胺磷500倍液等。

（八）桃小食心虫

桃小食心虫属鳞翅目蛀果蛾科，简称桃小，又称桃蛀果蛾。其食性杂，可为害桃、梨、苹果、枣、山楂等10多种果树的果实。

1.形态特征

卵椭圆形或桶形，初产卵橙红色，渐变深红色，近孵卵顶部显现幼虫黑色头壳，呈黑点状，卵壳表面具不规则多角形网状刻纹。幼虫桃红色，腹部色淡，无臀栉，头黄褐色，前胸盾黄褐至深褐色，臀板黄褐或粉红。体灰白至淡褐色，复眼红色。前翅前缘近中央处有一个近似三角形蓝褐色有光泽的大斑纹，翅基部和中部有7簇黑色斜立的鳞片，后翅灰色。蛹黄白色，近羽化时变成灰黑色，复眼红色（图2-19）。

2.危害症状与习性

桃小食心虫多从果实的胴部或顶部蛀入，幼虫蛀果危害最重，幼虫入果后，从蛀果孔流出泪珠状果胶，干后呈白色透明薄膜。随着果实的生长，蛀入孔愈合成一针尖大的小黑点，周围的果皮

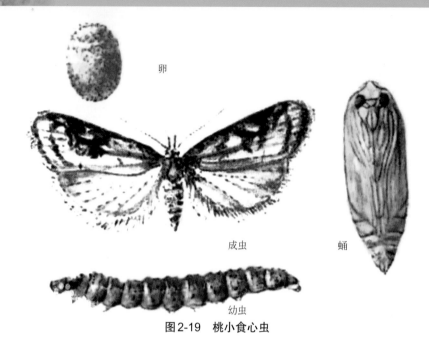

卵

成虫

蛹

幼虫

图2-19　桃小食心虫

略呈凹陷；幼虫蛀果后，在皮下及果内纵横潜食，果面上显出凹陷的潜痕，明显变形。近成熟果实受害，一般果形不变，但果内的虫道中充满红褐色的虫粪，造成所谓的"豆沙馅"。幼虫老熟后，在果实面咬一直径2～3毫米的圆形脱落孔，孔外常堆积红褐色新鲜的虫粪。

3.发生规律

桃小食心虫以老熟的幼虫做茧在土中越冬。越冬代幼虫在5月中下旬后开始出土，出土盛期在6月中旬，出土后多在树冠下荫蔽处做夏茧并在其中化蛹。越冬代成虫后羽化，羽化后经1～3天产卵，绝大多数卵产在果实绒毛较多的萼洼处。初孵幼虫先在果面上爬行数十分钟到数小时之久，选择适当的部位，咬破果皮，然后蛀入果中，第一代幼虫在果实中历期为22～29天。第一代成虫在7月中下旬至9月下旬出现，盛期在8月中下旬。第二代卵发生期与第一代成虫的发生期大致相同，盛期在8月中下旬。第二代幼虫在果实内历期为14～35天，幼虫脱果期最早在8月下旬，盛期在9月中下旬，末期在10月份。

4.防治方法

（1）地面防治　根据幼虫出土观测结果，可在越冬幼虫出土结茧前地面爬行1～2h时，可用5%辛硫磷乳油1000倍液，也可以采用地膜覆盖地盘，闷死出土幼虫。

（2）树上防治　性诱捕剂或糖醋液捕杀成虫。

（3）化学防治　防治适期为幼虫初孵期，喷施48%毒死蜱1000～1500倍液，对卵和初孵幼虫有强烈的触杀作用；也可喷施10%氯氰菊酯乳油1500倍液、或2.5%溴氰菊酯乳油2000～3000倍液。

第三章
无公害桃园常用农药种类
及施药要点

一、无公害桃园施药原则

1.提倡施用的农药

目前在桃园提倡施用的农药有石硫合剂、害立平、百菌敌、农抗120、华光霉素、青雷霉素、菌毒清、苏云金杆菌（Bt）、齐螨素，阿维菌素、昆虫病原线虫、灭幼脲3号。

2.禁止施用的农药

禁止施用的农药主要是高毒和高残留农药，主要有：福美胂、福美甲胂、三氯杀螨醇、对硫磷、甲胺磷、甲基对硫磷、杀虫脒、艾氏剂、六六六、DDD。

3.限制施用的农药

限制施用的农药是指此类农药的使用有一定的限制，要求一定的用药次数和安全间隔期。

4.正确选用和施用农药

不同农药品种有不同的防治对象，为确保防治效果，防治时应根据当地病虫害发生的具体情况，选择高效低毒农药。购买农药时要注意三证（农药登记证、生产许可证、产品标准与合格证）是否齐全，出厂日期、有效期、厂址是否清楚等。并仔细阅读说明书，注意使用浓度、使用时间、农药混用的要求。

5.交替施用农药

交替施用农药实践证明，长期施用一种农药，容易使病菌和害虫产生抗药性，而轮换用药可以延缓病菌及害虫的抗药性，提高防治效果。因此桃园在使用农药时，应坚持不同种类农药交替使用。如吡虫啉每年最多施用3次，安全间隔期为14天；马拉硫磷每年最多施用4次，安全间隔期为7天；溴氰菊酯（敌杀死）每年最多施用3次，安全间隔期为5天。

6.合理混用农药

合理地混用农药可以提高防治效果，延缓病菌和害虫的抗药性，兼治不同种类的病虫害，节省人力、物力。因此，桃园施用农药时应根据农药混用必须增效，有效成分不能发生变化、随用随配的原则，适当混配，降低成本；提高防治效果。

二、无公害果园杀菌剂

（一）石硫合剂

石硫合剂又叫硫黄水。它是用生石灰、硫黄和水熬制成的红褐色半透明液体。它有刺激性，带臭鸡蛋气味，强碱性，具有杀菌及触杀某些害虫的作用，还有保护作用。

1.配制方法

熬制石硫合剂时，通常采用的比例是，生石灰1份、硫黄粉2份、水10份。熬制用的容器一般是大的生铁锅。把足量的水放入锅中加热，放入生石灰，制成石灰乳，煮至沸腾时，把事先用少量水调成糊糊状的硫黄浆慢慢加入石灰乳中，边加边搅拌，同时记下水位线，大火煮沸45～60min，并不断搅拌，不时用热水补充蒸发减少的水分，待药液熬成红褐色、锅底的渣滓呈黄绿色即成。冷却后，用细箩或纱布滤去渣滓，便得到红褐色透明的石硫合剂母液。其质量的好坏，取决于生石灰和硫黄粉的细度。一般要用轻质的生石灰，硫黄要40目的细度，火力要大而稳定。原液波美度越高，含有效成分（多硫化钙）也就越高。

2.贮存

石硫合剂可长期存放，但必须放入小口罐或塑料桶等密闭容器中，并且在药液表面加一层油，以免和空气接触变质，然后把口封好，放在不见光和冬季不结冻的地方。因为它具有强腐蚀性，不可放至金属容器中，不要沾到皮肤和衣服上。

3.注意事项

（1）石硫合剂呈强碱性，不能与铜制剂或波尔多液混用。

（2）气温高于32℃或低于4℃时，不得喷布。桃树对石硫合剂敏感，主要在萌芽前喷药，或用于枝干涂抹。棚室桃升温初喷石硫合剂最好选在早晨温度较低时喷药，避免在中午高温时喷药，以免发生药害。

（二）波尔多液

波尔多液为无机铜类杀菌剂，又叫蓝矾石灰液。波尔多液是用硫酸铜、生石灰和水配制而成的天蓝色黏稠状悬浮液，呈碱性，附着力强。波尔多液对人畜毒性很低，喷到植物上能形成一层药膜，抗雨水冲刷，持效期可达15～20天，是良好的保护性杀菌剂，而且病菌不易产生抗药性。

1.配制方法

硫酸铜、生石灰、水。原料之间的基本比例为1∶（2～3）∶（200～500），即1份硫酸铜、2～3份生石灰和200～500份水。配制方法是：将硫酸铜和生石灰分别放在非金属容器中，用少量热水化开，放凉，再将三分之一的水倒入石灰液中，将三分之二的水倒入硫酸铜中，然后将硫酸铜液慢慢倒入石灰乳中，边倒边搅拌，使液体呈天蓝色，即配制完成。波尔多液应随用随配，不得放置超过24h。

2.使用方法

桃树发芽前，用1∶1∶100的波尔多液喷布树干，可铲除桃树腐烂病、干腐病、褐腐病、炭疽病、果腐病、细菌性穿孔病等多种病害的越冬根源。

3.注意事项

① 桃、李、杏等核果类果树对波尔多液敏感，生长季节严禁使用。

② 波尔多液对铁有腐蚀性，不能用铁桶配药。喷雾器用完后应及时清洗。

（三）菌毒清

1.药品性能及特点

菌毒清为甘氨酸类杀菌剂，属低毒杀菌剂。纯品为淡黄色针状结晶，易溶于水，在水中不水解，稳定。在酸性和中性介质中较稳定，在碱性介质中易分解。菌毒清为甘氨酸类杀菌剂，对病菌的菌丝生长及孢子萌发具有很强的抑制作用。药剂可破坏病菌的细胞膜，抑制呼吸系统，凝固蛋白质，使酶变性而起到抑菌和杀菌作用。该药有一定的内吸和渗透作用，可用于防治果树腐烂病及病毒病。

2.其他名称

安索菌毒清、菌必清、灭菌清。

3.主要剂型

5%、25%水剂。

4.注意事项

本品不得与苯酚、过氧化氢、过氧乙酸、高锰酸钾、硝酸银、磺基水杨酸、丹宁酸、氯化氢等药剂混用，也不宜与其他农药混用，如需混用时，必须在植保专家指导下进行试验，以免影响药效和造成药害。

（四）代森锰锌

1.药品性能及特点

代森锰锌是代森锰和锌离子的络合物，属有机硫类保护性杀菌剂，主要用于防治桃树细菌性穿孔病、疮痂病。对多菌灵产生抗性的病害，改用代森锰锌可收到良好的防治效果。它可抑制病菌体内丙酮酸的氧化，从而起到杀菌作用；具有高效、低毒、低残留、杀菌谱广、病菌不易产生抗性等特点，它与其他内吸性杀菌剂混配可延缓抗性的产生；同时对果树缺锰、缺锌有治疗作用。缺点是遇酸或碱易分解，高温及强光照射下更易分解，不溶于水及大多数有机溶剂，容易燃烧。

2.其他名称

百利安、爱富森、速克净、新锰生、喷克、比克。

3.主要剂型

60％粉剂，48％干拌种剂，30％、42％、43％、45.5％和75％悬浮剂，50％、60％、70％和80％可湿性粉剂。

4.注意事项

该药对鱼有毒，不可污染水源。第一次喷药要在病害发生前或初期使用。收获前15天停用。

（五）甲基硫菌灵

1.药品性能及特点

甲基硫菌灵属苯并咪唑类广谱性内吸杀菌剂，能防治多种作物病害，具有内吸、预防和治疗作用，属低毒杀菌剂。对兔皮肤和眼睛无刺激性；对鱼类有毒，其中对鲤鱼低毒，对虹鳟鱼中毒；对鸟类、蜜蜂低毒。它在植物体内转化为多菌灵，干扰病菌有丝分裂中纺锤体的形成，影响细胞分裂。当甲基硫菌灵施于作物表面时，一部分在体外转化成多菌灵起保护剂作用；一部分进入作物体内，在体内转化成多菌灵起内吸治疗剂作用。因而甲基硫菌灵在病害防治上具有保护和治疗作用，持效期7～10天。甲基硫菌灵防治对象和用药时期、使用方法与多菌灵基本相同，但与多菌灵、苯菌灵有交互抗性，不能与之交替使用或混用。

2.其他名称

甲基托布津。

3.主要剂型

50%、70%可湿性粉剂，36%、50%悬浮剂，70%水分散粒剂等。

4.注意事项

可与多种农药混合使用，但不能与铜制剂混用。不能长期单一使用，应与其他杀菌剂轮换使用或混用。

（六）农用链霉素

1.药品性能及特点

主要防治桃细菌性黑斑病，细菌性穿孔病。农用链霉素为放线菌产生的代谢产物，干扰细菌蛋白质的合成及信息核糖核酸与30S核糖体亚单位结合而抑制肽链的延长，对革兰阴性菌和阳性菌等均有较强的抑制作用。杀菌谱广，具有内吸作用，能渗透到植物体内，并传导到其他部位。对一些真菌病害有一定的防治作用。

2.其他名称

农用硫酸链霉素、菌斯福、细菌特克。

3.主要剂型

0.1％、0.85％粉剂，72％可溶性粉剂，20％可湿性粉剂等。

4.注意事项

现配现用，药液不能久放，配药液时可加入少量中性洗衣粉以增强喷药效果。施药时间最好在上午10：00以前或下午15：00以后。

（七）百菌清

1.药品性能及特点

百菌清可防治桃褐腐病、疮痂病、穿孔病（孕蕾或落花时）。百菌清是一种非内吸性广谱杀菌剂，对多种作物真菌病害有预防作用，能与真菌细胞中的3-磷酸甘油醛脱氢酶发生作用，与该酶体中含有丰酰氯酸的蛋白质结合。破坏酶的活力，使真菌细胞的新陈代谢受到破坏而丧失生命力。百菌清的主要作用是防止植物受到真菌的侵染。在植物已受到病菌侵害，病菌已进入植物体内后，杀菌作用很小。百菌清没有内吸传导作用。不会从喷药部位及植物的根系被吸收。百菌清在植物表面有良好的黏着性，不易受雨水冲刷，因此具有较长的药效期，在常规用量下一般药效期约为7～10天。

2.其他名称

敌克，达科宁。

3.主要剂型

75％百菌清可湿性粉剂，10％百菌清油剂，25％百菌清烟剂。

4.注意事项

① 药液及药具、药械洗涤水应避免污染河流、鱼塘，以免毒杀鱼类。

② 因药剂对人体皮肤、黏膜有一定刺激作用，施药时应注意保护，如发生斑疹性过敏反应，可涂抹副肾皮质软膏或请医生对症治疗。

（八）炭疽福美

1.药品性能及特点

炭疽福美是由福美双（30％）和福美锌（50％）混配成的有机硫剂，外观为灰色粉末，遇碱、高温或潮湿易分解，与含铁化合物长期接触也易分解，故不宜用铁质容器保存。对人、畜低毒，对人的皮肤和黏膜有刺激作用。炭疽福美通过抑制病原菌菌体内丙酮酸的氧化，中断其代谢过程从而导致病菌死亡，具有抑菌和杀菌双重作用，以预防为主。可防治桃树多种病害，特别对果树炭疽病有很好防效。

2.其他名称

新双合剂。

3.主要剂型

80％可湿性粉剂。

4.注意事项

① 不能与含铁的及酸性制剂混用。

② 应避免药剂接触皮肤和眼睛。

（九）苯醚甲环唑

1.药品性能及特点

苯醚甲环唑属于低毒低残留药剂，理想的内吸治疗性杀菌剂，安全，广谱。通过抑制麦角甾醇的生物合成而干扰病菌的正常生长，对植物病原菌的孢子形成强烈的抑制作用。具有理想的内吸性，施药后能被植物迅速吸收。在防治病害过程中，表现出预防、治疗、铲除三大功效，耐雨水冲刷，药效持久，持效期比同类杀菌剂长3～4天。一次用药，可预防多种病害。能有效防治子囊菌、担子菌、半知菌等病原菌引起的黑星病、白粉病、锈病、炭疽病等。

2.其他名称

世高。

3.主要剂型

10％可分散粒剂、25％乳油等。

4.注意事项

由于铜制剂能降低苯醚甲环唑的杀菌能力，所以要避免二者混合使用；苯醚甲环唑有内吸作用，可以传送到植株各个部位，但为了保证药效，喷雾时一定要喷遍植株。

（十）氟硅唑

1.药品性能及特点

氟硅唑是三唑类的内吸杀菌剂，具有保护和治疗作用，渗透性强，作用机理主要是破坏和阻止病菌的细胞膜重要组成成分麦角甾醇的生物合成，导致细胞膜不能形成，使病菌死亡。对由子囊菌、担子菌和半知菌类的病菌所致病害有效，但对卵菌无效。

2.其他名称

福星、世飞。

3.主要剂型

40％乳油，5％、8％、30％微乳剂，10％、16％水乳剂，2.5％水分散粒剂，2.5％热雾剂等。

4.注意事项

提倡与其他杀菌剂轮换使用，避免产生抗药性。在病原菌（如白粉菌）对三唑酮、烯唑醇、多菌灵等药剂产生抗性的地区，可换用氟硅唑。

（十一）施保功

1.药品性能及特点

施保功为一种广谱性的咪唑类杀菌剂，对子囊菌引起的多种作物病害具有特效。它通过抑制甾醇的生物合成而起作用。尽管其不具有内吸作用，但它具有一定的传导性能，可以用于水果采后处理，防治贮藏期病害。在土壤中主要降解为易挥发的代谢产物，易被土壤颗粒吸附，耐雨水冲刷。对土壤中的生物低毒，但对某些土壤中的真菌有抑制作用。

2.其他名称

咪鲜胺锰络合物。

3.主要剂型

50％施保功可湿性粉剂。

（十二）多菌灵

1.药品性能及特点

纯品为白色结晶粉末，工业品为浅棕色粉末。对热较稳定，在碱性条件下稳定。对人、畜低毒。多菌灵是一种高效、低毒、广谱、内吸性杀菌剂，具有保护和治疗双重作用，能通过叶片渗入植物体内，并有向顶传导性、耐雨水冲刷、持效期长的特点。其作用机理为干扰病菌有丝分裂中纺锤体的形成，影响菌体有丝分裂。对许多子囊菌和半知菌引起的病害有效，对卵菌和细菌引起的病害无效。可防治疮痂病、褐腐病、炭疽病

2.其他名称

多菌灵又名苯并咪唑44号、棉萎灵。

3.主要剂型

25％、50％多菌灵可湿性粉剂，40％多菌灵悬浮剂。

4.注意事项

① 多菌灵可与一般杀菌剂混用，但与杀虫剂、杀螨剂混用时要随混随用，不能与强碱性药物及含铜制剂混用。

② 连续使用多菌灵容易引起病原菌的抗药性，应与其他药剂轮换使用或混用。甲基硫菌灵与多菌灵有交互抗性，不宜作为轮换药剂。

三、无公害果园杀虫杀螨剂

（一）机油乳剂

1.药品性能及特点

机油乳剂是由95份机油加5份乳化剂配制而成。机油通常用 $3^{\#}$，亦可用 $40^{\#}$ 代替，作为农药用机油，要求黏度适中，目前用的是符合国家出厂标准的 $30^{\#}$ 机油。乳化剂用脂肪酸聚氧乙烯酯非离子表面活性剂，其乳化性能良好。对人、畜基本无毒。在常用浓度下，对植物安全。机油乳剂的杀虫机理是窒息杀虫作用。主要用于防治果树、花卉等植物上的蚧类，螨类，粉虱、蚜虫等害虫，并可兼治某些植物的病害。

2.主要剂型

95％ 30$^{\#}$乳剂。

3.注意事项

① 在果树的花蕾期和果实转色期避免用药，花期和生理落果期停止用药。

② 用药时随配随用，充分搅拌。稀释时应先加机油乳剂，放少量水搅拌，然后再加入应放的水量。

③ 由于机油乳剂主要起窒息杀虫作用，因此喷药时一定要喷布周到，使药剂充分接触虫体。

④ 高温季节在桃树上使用，有药害产生。要慎重使用。

⑤ 喷过机油乳剂后，在一个月内不能使用波尔多液和石硫合剂。

（二）毒死蜱

1.药品性能及特点

毒死蜱属中等毒性杀虫剂，可以防治害虫，是一种高效、广谱有机磷杀虫、杀螨剂，具有良好的触杀、胃毒和熏蒸作用，无内吸性。击倒力强，有一定渗透作用，药效期较长。在叶片上残留期不长，但在土壤中残留期较长。因此，对地下害虫防治效果较好。其杀虫机理为抑制乙酰胆碱酯酶。防治对象主要防治咀嚼式和刺吸式口器害虫，如鳞翅目、鞘翅目幼虫、蚜虫、桃小食心虫、粉虱、红蜘蛛等，也可用于防治卫生害虫如跳蚤、蟑螂。

2.其他名称

氯吡硫磷、乐斯本、好劳力。

3.主要剂型

20％乳油、40％乳油、48％乳油、15％烟剂。

4.注意事项

① 可与甲维盐、高效氯氰菊酯、阿维菌素、吡虫啉、噻嗪酮

等混配（或复配），提高防效。

②对皮肤、眼睛有刺激性，对鱼类及其他水生动物毒性较高。

（三）辛硫磷

1.药品性能及特点

辛硫磷为高效、低毒有机磷杀虫剂，以触杀和胃毒为主，无内吸作用，杀虫谱广，击倒力强，对鳞翅目幼虫有效。在林间使用，因对光不稳定，很快分解失效，所以残效期很短，残留危险性极小，叶面喷雾一般残效期2～3天。但该药施入土中，其残效期很长，可达1～2个月。可与氟铃脲、吡虫啉、氯氰菊酯等混配（或复配），提高防效。对鳞翅目幼虫有效，特别是防治地下害虫如蛴螬、蝼蛄有良好的效果，对虫卵也有一定的杀伤作用。

2.其他名称

肟硫磷、倍腈松。

3.主要剂型

40％辛硫磷乳油、50％辛硫磷乳油。

4.注意事项

①该药在光照条件下易分解，最好在傍晚和夜间施用，拌闷过的种子也要避光晾干，贮存时放在暗处。

②该药在应用浓度范围内，对蚜虫的天敌七星瓢虫的卵、幼虫和成虫均有强烈的杀伤作用，用药时应注意。

（四）溴氰菊酯

1.药品性能及特点

该药具有触杀和胃毒作用，触杀作用迅速，击倒力强，没有熏蒸和内吸作用，持效期为7～12天。尤其对鳞翅目幼虫及蚜虫杀伤力大。杀虫谱广，对鳞翅目、同翅目、缨翅目昆虫效果好，对鞘翅目昆虫因种类不同药效差别大，对螨类防效差。可与白僵菌、苏云金杆菌（Bt）等混用，提高防效。

2.其他名称

敌杀死。

3.主要剂型

2.5％溴氰菊酯乳油，2.5％溴氰菊酯可湿性粉剂，5％溴氰菊酯微胶囊剂。

4.注意事项

① 对人的皮肤及眼黏膜有刺激作用，对鱼类，水生生物高毒，对蜜蜂和蚕剧毒，不能在桑园、鱼塘、河流、养蜂场等处及其周围使用。

② 本品对螨、蚧效果不好，因此在虫、螨并发的作物上使用此药，要配合专用杀螨剂。

（五）啶虫脒

1.药品性能及特点

作用于乙酰胆碱受体，引起异常兴奋，从而导致受体机能的停止和神经传输的阻断，导致害虫痉挛、麻痹而死。啶虫脒是一种高效、广谱、低毒的内吸性杀虫剂，具有较强的触杀和渗透作用，速效和持效性好，对害虫药效可达20天左右。由于啶虫脒作用机制独特，对有机磷、氨基甲酸酯，以及拟除虫菊酯类等农药品种产生抗药性的害虫具有较好的效果。

2.其他名称

莫比朗。

3.主要剂型

啶虫脒3％乳油，啶虫脒3％可湿性粉剂，啶虫脒20％可溶性粉剂，啶虫脒20％可溶件液剂。

4.注意事项

安全间隔期15天。对桑蚕有毒，若附近有桑园。切勿喷洒在桑叶上。

（六）阿维菌素

1.药品性能及特点

阿维菌素是一种农用抗生素类杀虫、杀螨剂，属昆虫神经毒剂，主要干扰害虫神经生理活动，使其麻痹中毒而死亡；具触杀和胃毒作用，无内吸性，但有较强的渗透作用，并能在植物体内横向传导，杀虫（螨）活性高对胚胎未发育的初产卵无毒杀作用，但对胚胎已发育的后期卵有较强的杀卵活性。该药剂对抗药性害虫有较好的防效，与有机磷、拟除虫菊酯和氨基甲酸酯类农药无交互抗性，残效期10天以上；具有高效、广谱、低毒、害虫不易产生抗性、对天敌较安全等特点。防治对象为金纹细蛾、桃蛀果蛾等潜叶蛾类以及山楂叶螨、二斑叶螨等螨类。

2.其他名称

除虫菌素、爱福丁、阿巴丁。

3.主要剂型

1.8％、1％、0.6％阿维菌素乳油。

4.注意事项

该药无内吸作用，喷药时注意喷洒均匀，细致周密。

（七）灭幼脲

1.药品性能及特点

灭幼脲是一种昆虫生长调节剂类杀虫剂。对害虫主要是胃毒和触杀作用，害虫取食或接触后，药剂即会抑制害虫表皮几丁质的合成，使幼虫不能正常蜕皮而死亡，对鳞翅目、双翅目的害虫幼虫有特效，不杀成虫，但能导致成虫不育，卵不能正常孵化。持效期15～20天。低毒，对人、畜和植物安全，对天敌毒性小，害虫不易产生抗性，无残留。药效缓慢，施药后2～3天害虫才停止取食，4～5天后死亡。对鳞翅目有特效，可防治桃蛀果蛾，刺蛾等。

2.其他名称

扑蛾丹、蛾杀灵。

3.主要剂型

25%、50%悬浮剂。

4.注意事项

该药药效缓慢，喷药时间应适当提前，最好在害虫低龄期使用效果较好。本品为悬浮剂，有沉淀现象，使用时要将药液摇匀后再稀释。

（八）吡虫啉

1.药品性能及特点

吡虫啉是新一代氯代尼古丁杀虫剂，烟碱类。属低毒杀虫剂。对兔眼睛和皮肤无刺激作用；无致突变性、致敏性和致畸性；对鱼低毒；直接接触对蜜蜂有毒。吡虫啉是一种高效、内吸的广谱性杀虫剂。对昆虫乙酰胆碱酯酶受体具有较强的作用，使昆虫神经麻痹后迅速死亡，持效期长。能和多种农药或肥料混用。可与敌敌畏、阿维菌素、毒死蜱、高效氯氰菊酯等混配或复配，提高药效。适用于防治蚜虫、飞虱、叶蝉、蓟马、粉虱等刺吸式口器害虫。对鞘翅目、双翅目和鳞翅目害虫也有较好的防治效果。但对线虫和红蜘蛛无活性。

2.其他名称

一遍净、蚜虱净。

3.主要剂型

10％、25％可湿性粉剂，25％、35％、60％悬浮剂，5％乳油。

4.注意事项

果实采收前15天停止使用。

（九）噻嗪酮

1.药品性能及特点

扑虱灵纯品为白色结晶，在水中溶解度较低，但易溶于苯、甲苯和丙酮等多种有机溶剂。在酸、碱、光、热的条件下，均比较稳定。该药剂对人、畜、鱼、鸟等有低毒，对皮肤和眼睛无刺激作用，对家蚕、蜜蜂及害虫天敌较安全。其杀虫方式主要是触杀作用，也有胃毒作用。杀虫机理是药剂进入昆虫体内后，干扰昆虫的新陈代谢，抑制几丁质合成，使若虫难以蜕皮，畸形生长，慢慢死亡。该药剂杀虫速度较慢，但残效期较长，可长达35～40天。扑虱灵是防治飞虱、粉虱、叶蝉和介壳虫的特效药剂，尤其在低龄若虫期施药，能表现出很高的杀虫活性。特别适合于果实生长期防治刺吸式口器的害虫。

2.其他名称

噻嗪酮、尤乐得。

3.主要剂型

25％可湿性粉剂，1%粉剂，2%颗粒剂。

4.注意事项

为提高效用，可与有机磷或氨基甲酸酯类农药混配使用。在果树上还可采用涂干方式用药。注意：采果前14天停止使用。由于其独特的杀虫机理，故可用于防治对有机磷、有机氯杀虫剂产生抗性的害虫种群。

（十）高效氯氟氰菊酯

1.药品性能及特点

高效氯氟氰菊酯是一种高效拟除虫菊酯类的广谱性杀虫剂，具触杀、胃毒作用，无内吸作用，该药剂杀虫活性高，药效迅速，具有强烈的渗透作用，耐雨水冲刷，速效并有较长的持效期，既能杀灭鳞翅目幼虫，对蚜虫、叶螨亦有较好的防效。与其他拟除虫菊酯类杀虫剂相比，杀虫谱更广、活性更高、药效更为迅速，并且能杀死那些对常规农药如有机磷产生抗性的害虫，害虫对该药产生抗性缓慢；该药对人、畜及有益生物毒性低。可防治桃小食心虫、蚜虫、卷叶虫、尺蠖、潜叶蛾等。

2.其他名称

功夫、神功、功力、天功、绿青丹。

3.主要剂型

2.5％功夫乳油。

4.注意事项

因无内吸性，喷药要均匀周到。害虫易产生抗性，不宜连续使用，需和其他杀虫剂交替使用。对螨类虽有杀伤作用，但残效期短，且杀伤天敌，不宜作为专用杀螨剂使用。采果前14天停用。

避免在鱼塘、蜂场和桑园附近果园施药。

（十一）敌百虫

1.药品性能及特点

敌百虫为有机磷杀虫剂，纯品为白色结晶，工业品为白色或淡黄色块状固体，带微酸气味，挥发性小。固体状态时很稳定，但易吸潮，配成水溶液会逐渐分解。在酸性溶液中较稳定，在碱性溶液中逐渐转化为敌敌畏，且继续水解失效。敌百虫对害虫有强烈的胃毒和触杀作用，它是一种神经毒剂，进入虫体后，通过抑制害虫胆碱酯酶活性，引起神经过分冲动，使内脏器官、肌肉与腺体过分兴奋与活动，最后生理失常而死亡。毒性按我国农药毒性分级标准，敌百虫属低毒杀虫剂，正常使用，一般对农作物也较安全。敌百虫是一种广谱性杀虫剂，对鳞翅目、双翅目、鞘翅目害虫效果最好，而对螨类及某些蚜虫则效果差。对于防治果树的尺蠖、刺蛾、食心虫等效果较好。

2.其他名称

虫快杀、荔虫净。

3.主要剂型

90％晶体，80％、50％可湿性粉剂，2.5％、4％粉剂，25％油剂，50％乳油，20％烟剂等。以90％晶体较常用。

4.注意事项

① 晶体敌百虫极易吸湿结块，贮藏时应注意防潮。已结成块的，应先捣碎，可加速溶解。敌百虫水溶液易分解降效，所以药液应随配随用，不宜搁置太久。

② 配制的药液呈酸性，喷雾器械用后应立即洗净，以免腐蚀。

③ 粉剂不耐贮存，半年后有50％以上被分解。

④ 误食敌百虫的，不能用苏打洗胃，因敌百虫遇碱会转变成

更毒的敌敌畏。

（十二）马拉硫磷

1.药品性能及特点

马拉硫磷为有机磷杀虫剂，纯品为浅黄色液体，工业品为深褐色油状液体，有很浓的大蒜臭味。遇碱性或酸性物质易分解失效，对热的稳定性亦较差，对铁有腐蚀性。马拉硫磷对害虫有较强的触杀和胃毒作用和一定的熏蒸作用。进入虫体后被氧化成毒力更强的马拉氧磷，毒杀作用更大。气温低时杀虫毒力有所降低，应稍加大浓度。其杀虫机理亦是抑制虫体内胆碱酯酶的活性，使害虫中毒致死。按我国农药毒性分级标准，马拉硫磷属低毒杀虫剂。对眼睛、皮肤有刺激性。对蜜蜂高毒，对鱼毒性中等。对害虫天敌毒性较高，但因持效期短，田间用药后短期内即无毒害。可防治桃树食心虫、蚜虫、红蜘蛛、椿象、卷叶蛾等。

2.其他名称

马拉松。

3.主要剂型

45％、50％乳油，25％油剂。

4.注意事项

① 保护天敌：马拉硫磷对自然天敌昆虫有很高的杀伤力。使用时，要搞好与生物防治措旋间的协调。

② 防止鱼类中毒：马拉硫磷对鱼类的毒性较强。使用完的器具，不要在池塘内冲洗。

第四章
桃园病虫害综合防治技术

果树病虫害综合防治是综合利用各种栽培管理措施和物理防治、化学防治、生物防治等方法，创造有利于果树和有益生物生长，不利于病原菌和害虫滋生的生态环境条件，以控制病虫的发生和危害。其基本原则是：采取"预防为主，综合防治"的植保方针，以农业和物理防治为基础，生物防治为核心，按照病虫害的发生规律，科学使用化学防治技术，有效地控制、推迟或减轻病虫害的危害，把损失控制在经济准许的阈值内。这样减少了单纯依赖化学农药所产生的负面影响，同时还可降低防治成本，提高经济效益和生态效益，形成良性循环。在无公害果品安全生产中，应更加注重通过农业、物理和生物防治，尽量减少化学防治。

桃树病虫害综合防治方案应以当地病虫害的发生特点为依据，全面考虑与病虫害防治有关的各种因素对防治效果的影响，综合使用各种防治方法，保证防治效果。在当年实施完后应进行总结和评估，以利于下一年度对方案进行调整和优化，提高实施效果。

综合防治技术的要点如下：

一、明确主要靶标病虫害的种类

桃树病虫害种类较多，常见的有几十种。但在一个地区（果园）经常发生、并给果品生产造成较大经济损失的种类只有十几种。通过周年调查，掌握主要靶标病虫害的种类，狠抓薄弱环节，有针对性地进行预防和防治，可以提高防治效果和减少不必要的用药。同时，由于各地环境条件的差异以及病虫害防治水平的不同，危害桃树生产的靶标病虫害种类会发生变化，需要经常开展调查并调整防治策略。我国长三角地区春季低温多湿，夏季高温多雨，桃树病害较为严重。目前经常成为靶标病害的种类有：桃炭疽病、桃缩叶病、桃褐腐病、桃细菌性穿孔病、桃真菌性流胶病、桃疮痂病等。虫害种类有：蚜虫、桃一点叶蝉、桃白蚧、梨小食心虫、桃蛀螟、桃潜叶蛾等。

二、休眠期运用农业防治措施，压低病虫越冬基数

农业防治是综合防治的基础。可以通过一系列的栽培管理技术，用人工方法，或是改变病虫害越冬的环境条件，或是用直接消灭病虫害等措施，来控制病虫害的发生，这能取得化学农药所不及的效果，同时也有利于果品的安全生产。休眠期采取的农业防治措施主要有以下一些。

（一）树盘土壤深翻

褐刺蛾、草履蚧、桃象鼻虫、桃小食心虫等桃树害虫都是在树干附近的浅土层中越冬的。山楂叶螨也有部分是在根颈周围土壤缝隙中越冬。冬季树盘土壤深翻可以恶化它们的越冬环境，促进这些害虫的幼虫、蛹茧、成虫或卵囊自然消亡。

（二）结合冬季修剪和清园，消灭越冬病菌及害虫

桃树落叶后结合冬季修剪，剪除病虫枝、病僵果等，如桃褐腐病、桃炭疽病、桃真菌性穿孔病、桃疮痂病等病菌多以菌丝体（或/和）分生孢子在枝条组织内或僵果、落叶中越冬；细菌性穿

孔病的病原细菌也是在枝梢的溃疡斑内越冬的。清除这些病菌的越冬场所，可以压低病原菌的越冬基数，甚至可以直接消灭部分病虫，起到非常好的防治效果。（有些病害的症状需待翌年开花前后才能充分显现的，如桃炭疽病、桃细菌性穿孔病等，可结合花前复剪剪除。）

结合修剪刮除树干翘裂病皮后，再涂843康复剂等，清除枯枝落叶和残留纸袋等。剪除和清理出来的枯枝落叶、僵果等应集中烧毁或异地深埋。

（三）树干涂白

树干涂白可起到杀菌、杀虫、防虫、防止病菌感染，加速伤口愈合、防止冻害和日灼等作用。

三、科学开展病虫害预测预报

在病虫害发生前了解病虫发生的动态，根据当地的环境条件、桃树生长发育和栽培管理状况，判断病虫害未来的发生趋势，提供防治的科学依据，提早做好防治准备，掌握最佳的防治时期，可以提高防治效果，有效控制病虫危害。一般小型桃园受农村条件和认知水平的限制，主要开展短期的预测预报，作为开展病虫害防治的依据。预测预报工作主要依据以下方面开展：①历年资料及当年物候观察；②短期（一般7～10天）气象预报，包括温、湿度、降雨等；③中心病株（或易感品种）上的表现；④室内外病害虫发育进度的观测。如蚧壳虫越冬卵的孵出率；叶螨在叶片上出现的数量及成螨、幼（若）螨与卵的比例；桃小食心虫的逐日出土率；糖醋液或黑光灯诱蛾数变化等都可作为短期预测预报的指标。

千亩以上的大型桃园尚需选择具有代表性的样点（田块）和品种进行病虫情况的定期（逐日或相隔2～5天）调查和观察。施药后需调查药效（如螨类可用虫口减退率等作指标），作为今后喷药指导。每周并需将相关资料编写成"病虫情报"，加以交流。

四、综合使用物理防治法

物理防治是根据害虫的习性，利用光、热、电、辐射能、机械等来捕杀、诱杀、阻隔、窒息害虫的方法。桃树病虫害常用的物理防治法主要有：杀虫灯诱杀、糖醋液诱杀、性诱剂诱杀和果实套袋等。

（一）利用频振式杀虫灯

这是利用某些害虫具有较强的趋光和趋波特性，将光波设定在特定范围，近距离用光、远距离用波引诱害虫成虫扑灯，灯外配以频振高压电网，使成虫掉入灯下专用接虫袋中，达到杀灭害虫、控制危害的目的，此法可诱杀许多趋光性强的害虫，如桃蛀螟、叶蝉、金龟子类、蝽象、吸果夜蛾、梨小食心虫等。在桃园内安装频振式杀虫灯，以单灯控制面积 $2hm^2$ 为宜，灯距为 $150 \sim 160m$，即诱杀半径为 $75 \sim 80m$，灯悬挂的高度以接虫口离地面 $1.5 \sim 2m$，诱杀果园主要害虫的效果较好。挂灯时间以每年的 1 月初至 9 月底。每天 19:00 至次日凌晨 5:00 开灯，雨天关闭。

（二）利用糖醋液罐

许多成虫对糖醋液有趋性，可用来诱杀对糖、醋、酒等气味有一定敏感性的昆虫，如梨小食心虫、桃蛀螟、金龟子等。糖醋液的配方很多，不同配方对不同的害虫诱杀效果有差异，实际应用时应先试验。常用的配方有两种：（1）5（红糖）：20（醋）：80（水）；（2）1（红糖）:4（醋）:1（酒）:16（水）。将配好的糖醋液放置到容器内，以占容器体积的一半为宜。根据害虫对颜色的喜好，容器使用红、黄、蓝、绿效果更佳。将盛有糖醋液的敞口容器挂在树上，每株挂1～2个。定期检查，成虫发生期要逐日检查，并及时更换糖醋液。废弃的糖醋液应埋入地下，不能直接倒入土壤，否则会吸引蚂蚁。糖醋液中加入烂果汁常有更好的诱捕效果。

另外，可使用黄板诱杀迁飞蚜虫，效果较好，诱杀情况还可用于测报。

（三）利用性诱剂诱捕器

用性诱剂诱杀害虫的技术是近年来国家倡导的绿色防控技术，使用性信息素能有效诱杀靶标害虫，减少化学农药使用，保护和利用天敌，保护果园生态环境，是生产绿色有机果品的有效措施。桃树上可使用性诱剂诱杀的害虫有：梨小食心虫、桃小食心虫、桃潜叶蛾和桃蛀螟等。性诱剂诱捕器有船形、三角形和水盆诱捕器等，不同类型诱杀效果有差异，可选择使用。诱捕器放置密度：以预防为主的可以少些，以防治为目的的一般不少于6个/亩。可根据不同诱杀对象的田间发生世代和为害程度确定诱芯放置时间，一般以诱杀对象的越冬代成虫羽化始期之前放置效果较好。诱盆应每天检查一次，捞出盆内虫体并补充所消耗水分。诱芯在使用1个月左右即须进行更换。

（四）果实套袋

果实套袋是优质桃生产的一项重要措施。果实套袋后，可以阻止害虫在果实上产卵和病菌孢子侵染危害果实；此外还可以避免农药和果实的直接接触，降低农药残留，提高果实的安全品质；可以防止果实鸟害和油桃裂果。套袋一般在定果后进行。套袋前应全园喷施1次杀虫、杀菌剂。着色品种可以选用白色或浅黄色的单层袋，果实成熟后带袋采收；着色深的品种以及晚熟品种，可以套用外浅内黑的深色双层袋，果实成熟前一周左右撕袋，使果实接受光照，着色。

五、经济合理地开展化学防治

化学防治就是使用化学药剂防治病虫害，这是目前对有害生物防治的重要手段。其优点是见效快、效果高。缺点是长期使用同一种农药，会使病虫产生抗药性，防治效果逐步降低，甚至达不到防治目的；同时容易杀伤天敌，破坏原有的良性生态平衡，使一些病虫失去自然抑制因素，造成再度猖獗；此外对大气、地下水、土壤会造成污染，果实中会有农药残留，对人体健康均有危害。因此要加强病虫测报，及时掌握病虫害的发生动态，抓住关键时期使用高效、低毒、低残留农药防治。

（一）选择适当时机用药

可以提高防效，减少不利影响。首先，根据当地桃物候期及历年经验、病虫害发生条件（如雨量等）的分析、病虫发生严重程度的预测等确定用药与否。其次，根据对病虫害预测预报，在达到防治指标后用药。少量病虫害的发生，不仅不会造成经济损失，还有利于保持原有的生态平衡。通常，根据病菌孢子田间散发量大，潜伏期难以掌握及对防治病害的药剂多数属于保护剂等原因，当田间抽查发现病斑，即为发病始期，应进行首次喷药预防。第三，根据农药的作用方式。大多数杀菌剂如波尔多液、代森锰锌等以保护作用为主。因此只有病菌侵入果树组织之前施药才有防效，一般应在发病初期或将要发病时施药。杀虫剂对害虫的毒杀作用，多以幼（若）虫的初龄期最有效。休眠状态的虫体和病菌抗药力较强；螨类卵期比成螨期的抗药性也强。驱避杀虫剂作用于害虫的主要取食阶段，性诱剂作用于性成熟的成虫。第四，根据天气预报调控用药期。雨水会将药液淋溶掉，使药剂持效期变短，一般要求施药后8～12小时不下雨，至少4小时内不下雨。一般叶面露水或雾滴未干时不宜喷药。真菌性杀虫剂施药后要求相对湿度在50%以上，才有利于孢子和菌丝生长。大风把药液吹离靶标，并加快药液挥发，故风速大于5m/s时不宜喷雾。

（二）掌握适当的施药浓度，次数及安全间隔期

一般应按照农药品种登记资料规定包括用量、最低稀释倍数、常用稀释倍数，做到适时、适量、准确用药，在有效范围内尽量用低浓度。控制农药使用次数和严格执行安全间隔期。一种农药在果树年生长期内最好只用1次，至多用2～3次；要以没有交互抗性的几种药剂交替（轮换）使用；药剂混用时要选用不同杀虫机理或不同防除对象的药剂；严禁使用高毒、高残留的农药。应依据农药说明和果实种类等，确定采果前的禁药期（如马拉硫磷应在采果前10天停止使用）。全年桃园的喷药次数控制在6～7次以内。

（三）正确施药，提高配药和喷雾质量

用药的方法应依据病虫害的危害方式、发生部位和农药的特性而定。危害果树地上部的病虫害，一般多采用树冠喷雾法。对于土壤传播的病虫害如线虫病、根腐病、根瘤蚜等，或在土壤中越冬的桃小食心虫等，可采用土壤处理的方法，如在树盘撒施农药。施药时要根据剂型确定施用方法，乳油、水剂和可湿性粉剂可用加水喷雾，也可涂干或作土壤处理。

提高配药和喷雾质量方面，首先药剂质量要好。要查看农药出厂日期及有效期，乳剂、乳油或水剂要求无沉淀、无分层现象，乳剂呈透明油状液体。可湿性粉剂要求其99.5%的粉粒通过200号筛目，无受潮结块现象。要提高配药质量。如：喷雾配药先在喷药容器内放少量水，加入所需药量后，再加足所需水量，充分搅拌后才喷药。配药应使用江河或池塘的清洁水，不用含钙量高的硬水和矿物质含量高的泉水或腐殖质含量高的肥水，药液随配随用。

（四）科学混用农药

果树生长期中如有几种病虫害同时发生时，常以 1 ~ 2 种主要病虫害作为靶标，选用农药种类，然后兼顾次要种类，用一药多治或两种以上农药混用，不仅可以扩大防治对象，节省人力、物力和开支，不误农时，达到及时用药，提高防治效果，还可以延缓或防止抗药性产生。目前大多数常用药剂为微酸性、酸性和中性，一般都不能与碱性药剂如石硫合剂、波尔多液等混用，碱性药剂之间也不能混用。而机油乳剂与大多数杀虫剂、杀螨剂和杀菌剂混用均可提高防治效果，降低各自的使用浓度，但不能与石硫合剂和硫黄粉混用。石硫合剂或波尔多液施用后，一般最少间隔半个月才能施用机油乳剂。

六、重视保护和利用天敌、颉抗菌，提高经济效益和生态效益

利用天敌和颉抗菌防治病虫害，属于生物防治的范畴，主要利用生物种间的相互克制、相互依存的关系以及调节寄主植物的微生物环境，使其利于寄主植物的生长而不利于病原物的生存，人为地改变或创造条件，达到控制病虫害发生的目的。

（一）以虫治虫

瓢虫类、草蛉类、小花蝽类、食蚜蝇和食虫蝽象等，对蚜虫、叶螨和食心虫类的食灭效果最好。食蚜蝇是蚜虫、介壳虫、叶蝉、蓟马、鳞翅目小幼虫等的有效天敌。上海青蜂、姬蜂可以捕食刺蛾。

（二）以菌治虫

主要有杀螟杆菌、苏云金杆菌等，对鳞翅目的多种幼虫有良

好的防治效果。

　　在桃树栽培过程中，应注重保护和利用当地的有益生物及优势种群，利用果园行间间作蜜源植物，招引繁衍天敌，或人工引移，繁殖释放天敌。在天敌发生初期严格控制用药，尽量少用或不用广谱性农药和对天敌毒杀性高的农药，选用选择性农药；应用生物源或矿物源农药防治害虫，采用轮换或点片喷药，以保护天敌。

（三）增加果园植被

　　桃园行间种植白三叶草、黑麦草等绿肥作物后，蚜虫、叶螨类天敌出现高峰期明显提前，而且数量增多。此外，还可种植驱虫作物，如在桃树行间栽种大葱、土豆等，利用其特殊气味可以驱除叶螨；栽植大蒜可驱除蚜虫等。

附件
长三角地区桃靶标病虫害
周年防治历

物候期	靶标病虫害发生情况	防治措施	备注
花芽膨大露红期	缩叶病、穿孔病、炭疽病、褐腐病、流胶病 蚜虫、介壳虫、天牛	3～5波美度石硫合剂或晶体石硫合剂20倍液喷雾	
开花前 （3月中）	细菌性穿孔病、缩叶病 蚜虫	10%吡虫啉1500倍液+70%代森锰锌600倍液+50%复方硫菌灵800倍液喷雾	
落花后 （4月中）	缩叶病、穿孔病、炭疽病、褐腐病 蚜虫、梨小、红蜘蛛、天牛、卷叶虫、潜叶蛾	50%多菌灵500倍液+72%硫酸链霉素2000倍液+20%啶虫脒3000倍液喷雾	摘除缩叶病叶，人工钩杀天牛幼虫
幼果期 （5月上）	细菌性穿孔病、炭疽病、褐腐病、疮痂病 梨小、介壳虫、桃蛀螟、刺蛾	1.8%虫螨杀星2000倍液+百菌清600倍液+72%硫酸链霉素2000倍液喷雾	
硬核期 （5月中下）	褐腐病、炭疽病、细菌性穿孔病、流胶病、疮痂病 蚜虫、梨小、茶翅蝽、天牛、桃蛀螟、潜叶蛾、球坚蚧	70%甲基托布津800倍液+20%三唑酮乳油3000倍液喷雾	

物候期	靶标病虫害发生情况	防治措施	备注
转色及成熟期	炭疽病、疮痂病、褐腐病 桃蛀螟、天牛、红蜘蛛、叶蝉、梨小	70%代森锰锌600倍液+2.2%甲基阿维菌素1000倍液喷雾	
花芽分化期 （7月下～8月上中）	炭疽病、褐腐病、穿孔病 梨小、桃蛀螟、红蜘蛛、棉铃虫	50%多菌灵500倍液+5%氟铃脲2000倍液喷雾	
落叶前 （9月下～10月上中）	褐腐病、炭疽病 潜叶蛾、梨小、桃蛀螟叶蝉、蚜虫	70%甲基托布津800倍液+48%毒死蜱1200倍液喷雾	
休眠期	腐烂病、褐腐病、穿孔病、炭疽病、疮痂病、缩叶病、流胶病 红蜘蛛、梨小、桑白蚧、康氏粉蚧、卷叶蛾	40%杜邦福星8000倍液+90%万灵粉3000倍液喷雾	

参考文献

［1］ 包建中, 古德样. 中国生物防治［M］. 太原: 山西科学技术出版社, 1998.

［2］ 汪祖华, 庄恩及. 中国果树志·桃卷［M］. 北京: 中国林业出版社, 2001.

［3］ 高文胜. 无公害果园首选农药100种［M］. 北京: 中国农业出版社, 2003.

［4］ 马之胜. 桃优良品种及无公害栽培技术［M］. 北京: 中国农业出版社, 2003.

［5］ 冯明祥, 王国平. 桃杏李樱桃病虫害诊断与防治原色图谱［M］. 北京: 金盾出版社, 2004.

［6］ 李知行, 杨有乾. 桃树病虫害防治［M］. 北京: 金盾出版社, 2005.

［7］ 郭晓成, 严潇. 桃安全优质高效生产配套技术［M］. 北京: 中国农业出版社, 2006.

［8］ 谷继成, 任建军. 桃标准化生产技术［M］. 北京: 金盾出版社, 2007.

［9］ 赵锦彪, 管恩桦, 张雷. 桃标准化生产［M］. 北京: 中国农业出版社, 2007.

［10］ 章云斐, 许渭根, 张庆云. 桃病虫害原色图谱［M］. 杭州: 浙江科学技术出版社, 2007.

［11］ 冯玉增, 胡清坡. 桃病虫害诊治原色图谱［M］. 北京: 科学技术文献出版社, 2010.

［12］ 楚燕杰. 桃李杏病虫害诊治原色图谱［M］. 北京: 科学技术文献出版社, 2011.

［13］ 熊彩珍. 桃安全优质高效栽培技术［M］. 北京: 中国农业出版社, 2011.

［14］ 姜全, 李莉. 桃标准园生产技术［M］. 北京: 中国农业出版社, 2011.

［15］ 王江柱, 陈海江. 桃杏李高效栽培与病虫害看图防治［M］. 北京: 化学工业出版社, 2011.

［16］ 马之胜, 贾云云. 桃安全生产技术指南［M］. 北京: 中国农业出版社, 2012.

［17］ 郭书普, 戚仁德. 桃李杏樱桃病虫害防治图解［M］. 北京: 化学工业出版社, 2013.

［18］ 赵锦彪, 段伦才, 管恩桦. 桃生产配套技术手册［M］. 北京: 中国农业出版社, 2013.

［19］ 李绍华. 桃树学［M］. 北京: 中国农业出版社, 2013.

［20］ 吕佩珂, 苏慧兰, 高振江. 桃李杏梅病虫害防治原色图鉴［M］ 北京:化学工业出版社, 2014.

［21］ 王江柱, 席常辉. 桃 李 杏病虫害诊断与防治原色图鉴［M］ 北京:化学工业出版社, 2014.

［22］ 孙素芬, 冷翔鹏, 周顺标, 等. 桃无公害生产病虫害综合防治技术［J］. 江苏农业科学, 2013, 41（12）: 129-132.

欢迎订阅农业植保类图书

书号	书名	定价/元
17973	现代蔬菜病虫害防治丛书——西瓜甜瓜病虫害诊治原色图鉴	39.0
17964	现代蔬菜病虫害防治丛书——瓜类蔬菜病虫害诊治原色图鉴	59.0
17951	现代蔬菜病虫害防治丛书——菜用玉米菜用花生病虫害及菜田杂草诊治图鉴	39.0
17912	现代蔬菜病虫害防治丛书——葱姜蒜薯芋类蔬菜病虫害诊治原色图鉴	39.0
17896	现代蔬菜病虫害防治丛书——多年生蔬菜、水生蔬菜病虫害诊治原色图鉴	39.8
17789	现代蔬菜病虫害防治丛书——绿叶类蔬菜病虫害诊治原色图鉴	39.9
17691	现代蔬菜病虫害防治丛书——十字花科蔬菜和根菜类蔬菜病虫害诊治原色图鉴	39.9
17445	现代蔬菜病虫害防治丛书——豆类蔬菜病虫害诊治原色图鉴	39.0
18095	现代蔬菜病虫害防治丛书——茄果类蔬菜病虫害诊治原色图鉴	59.0
17525	饲药用动植物丛书——天麻标准化生产与加工利用一学就会	23.0
16916	中国现代果树病虫原色图鉴(全彩大全版)	298.0
21424	果树病虫害防治丛书——大枣柿树病虫害防治原色图鉴	32.0
21369	果树病虫害防治丛书——石榴病虫害防治及果树农药使用简表	29.0
21637	果树病虫害防治丛书——苹果病虫害防治原色图鉴	59.0
21421	果树病虫害防治丛书——樱桃山楂番木瓜病虫害防治原色图鉴	32.0
21407	果树病虫害防治丛书——猕猴桃枸杞无花果病虫害防治原色图鉴	29.0
21636	果树病虫害防治丛书——桃李杏梅病虫害防治原色图鉴	49.0
21423	果树病虫害防治丛书——柑橘橙柚病虫害防治原色图鉴	49.0
21439	果树病虫害防治丛书——板栗核桃病虫害防治原色图鉴	32.0
21438	果树病虫害防治丛书——草莓蓝莓树莓黑莓病虫害防治原色图鉴	29.0
21440	果树病虫害防治丛书——葡萄病虫害防治原色图鉴	32.0

如需以上图书的内容简介、详细目录以及更多的科技图书信息，请登录www.cip.com.cn。

邮购地址：(100011)北京市东城区青年湖南街13号 化学工业出版社

服务电话：010-64518888，64519683（销售中心）；如要出版新著，请与编辑联系：010-64519351